谨以此书献给

致力于中国经济发展的建设者们，
以及奉献于中国环保事业的仁人志士。

本书由中国科学院学部重点咨询评议项目及
国家重点研发计划项目（2017YFC0503900）等资助.

中国及全球碳排放

——兼论碳排放与社会发展的关系

Carbon Emissions from China and the World

Some Views on Relationships between Carbon Emissions
and Social Development

方精云 等 著

科学出版社

北 京

内 容 简 介

本书是中国科学院学部、科学技术部及国家自然科学基金委员会资助项目所获部分成果的总结，前后历时 8 年完成。

作者用翔实的数据、严密的方法、全新的视角，忠实于事实，从全球变化与碳排放的关系着眼，阐明了中国及当今世界碳排放的格局，探讨了碳排放与社会发展的关系。利用全球碳平衡原理，提出了"贡献排放量"的概念，并对全球主要国家的碳排放配额进行了测算，对不同国际减排方案进行了评估；根据现有气候谈判所设定的减排目标，对我国的碳排放路径进行了预测；最后从社会经济学的角度，探讨了我国各省（自治区、直辖市）碳排放的格局，并初步提出碳减排的策略。

本书可供生态、环境、地理、气象气候、水文、海洋、农林业和经济等领域的科研和教学人员参考使用，也可供各级政府决策部门和外交领域的人士参考。

图书在版编目（CIP）数据

中国及全球碳排放：兼论碳排放与社会发展的关系 / 方精云等著.
— 北京：科学出版社，2018.6
ISBN 978-7-03-056040-7

Ⅰ.①中… Ⅱ.①方… Ⅲ.①二氧化碳 – 排气 – 研究 – 世界
Ⅳ.①X511

中国版本图书馆 CIP 数据核字（2017）第 313268 号

责任编辑：王 静 李 迪 田明霞 / 责任校对：郑金红
责任印制：徐晓晨 / 封面设计：北京图阅盛世文化传媒有限公司

科 学 出 版 社 出版
北京东黄城根北街 16 号
邮政编码：100717
http://www.sciencep.com

北京建宏印刷有限公司 印刷
科学出版社发行 各地新华书店经销

*

2018 年 6 月第 一 版 开本：720 × 1000 1/16
2021 年 5 月第三次印刷 印张：16 1/4
字数：257 000

定价：98.00 元
（如有印装质量问题，我社负责调换）

主要作者介绍

方精云 北京大学教授、中国科学院植物研究所学术所长、中国科学院院士、第三世界科学院院士。主要从事全球变化生态学、植被生态与生物多样性等方面的研究。发表学术论文 340 余篇，总引用超过 3.5 万次。曾获国家自然科学奖二等奖、长江学者成就奖、中国出版政府奖等奖项。先后担任 12 个国际学术刊物的编委和 5 个国际学术机构（组织）的成员，目前任国务院学位委员会生态学科评议组召集人和《中国大百科全书·生态学卷》主编等职。

朱江玲 北京大学城市与环境学院高级工程师，生态学博士。主要从事碳排放与植物多样性研究，发表中英文论文20余篇。

岳　超 法国国家气候与环境科学实验室博士后。2010年获北京大学生态学硕士学位，2014年获法国凡尔赛大学气候、海洋与环境物理学博士学位。主要研究方向为全球碳循环，发表中英文论文30余篇。

王少鹏 北京大学城市与环境学院研究员，生态学博士。主要从事理论生态学和生态统计学研究，发表中英文论文30余篇。

郑天立 交通运输部天津水运工程科学研究院助理研究员，生态学博士。主要从事碳排放、社会发展、生态修复与规划等方面的研究，发表中英文论文8篇。

序言 平衡碳排放与社会发展的关系

　　有人说，我们的星球进入了"人类纪"时代。人类一方面以前所未有的速度发展着经济，获得了空前的现代化和物质财富；另一方面也以史无前例的力度改变着地球的生态系统，影响着地球的气候，使得人类的生存环境面临着逐步恶化的严峻挑战。全球气候变化作为这种严峻挑战的重要部分，反过来又深刻影响着自然生态系统和人类社会经济的发展。人类必须采取科学、积极、有效的措施来应对这种互为反馈的改变。

　　为了达到削减温室气体排放、减缓气候变化的目的，国际社会在 20 世纪 90 年代就开始了气候谈判的历程。从 1991 年第一次国际气候谈判、1992 年签署《联合国气候变化框架公约》开始，到 1997 年签署《京都议定书》、2007 年达成"巴厘路线图"、2009 年签订《哥本哈根协议》，再到 2015 年签订《巴黎协定》……气候谈判的进程从未停歇。谈判席间，各方利益角逐，时而暴风骤雨，时而风平浪静，但无时无刻不在暗流涌动。一次次谈判推动了国际社会对气候变化的认识，同时也暴露出不同集团间和集团内部更多的争论与裂痕。其中，最根本的争论是："哪些国家应该减排？需要减排多少？"该争论之所以迟迟难以平复，是因为碳排放绝不仅仅是一个单纯的环境问题，更是牵动着不同国家社会发展和人民福祉的发展权问题，是关系着国际关系准则中公平正义的重大原则问题。

一方面，大气 CO_2 浓度的持续增加导致了全球变暖、地表温度上升，并诱发大气污染、氮沉降、土壤酸化等问题，影响着人类的生产生活，威胁着人们的健康。另一方面，社会发展、工业化进程离不开能源的消耗，而只要消耗化石能源，就会产生碳排放，因此碳排放对社会经济发展的驱动作用是毋庸置疑的。一个国家未来碳排放空间的大小，直接决定了可消耗化石能源的用量多少，进一步决定了其社会发展的空间大小。从这种意义上来说，碳排放权就是发展权。

中国是一个拥有近 14 亿人口的发展中国家，依旧处在工业化与城镇化建设阶段，社会经济水平与发达国家仍存在很大差距，节能减排势必会限制中国的能源使用量，因而有人担心急剧的减排会使"中国停滞在半工业化发展阶段"。但即便如此，中国政府和人民一直对应对气候变化的必要性与重要性有着深刻认识，并积极参与到全球环境治理的国际事务中。特别是 2015 年 6 月，中国政府在《强化应对气候变化行动——中国国家自主贡献》文件中明确提出了到 2030 年前后到达碳排放峰值的承诺，体现了中国的大国担当。

当然，中国还处于社会主义的初级阶段，面临着发展经济、消除贫困、改善民生、保护环境、应对气候变化等多重挑战。因此，民众需要对环境保护与经济发展的辩证关系保持清醒的认识。

环境保护与经济发展的关系如同行进中的自行车。经济发展是前轮，决定了行进的方向；环境保护是后轮，起到推进与稳定的作用。二者协同并进，在前进中求得平衡，在发展中求得进步，才能维持中国社会经济的稳步前行。急功近利或无所作为，都会影响中国经济发展的大局，进而产生一系列影响国计民生、阻滞现代化进程的问题。所以，无论何时何地，都要始终把握经济发展的大方向不动摇。"发展才是硬道理"，这七个字也是中华民族数百年血泪史凝聚出的经验和启迪。

中华民族的近代史，是一部充满苦难与痛楚、落后与挨打的屈辱史，是一段国家没有国格、人民没有人格的黑暗岁月，同时，也是一部中华民族上下求索、浴血奋起的奋斗史。在中国共产党的领导下，中国实现了民族的独立自强，并摸索出了一条中国特色社会主义的发展道路，创造了长达数十年国内生产总值（GDP）年增长约 10% 的"中国速度"。这使中国社会在较短时间内呈现了物质丰富、经济繁荣的崭新局面，让中国多数百姓在较短时间内摆脱了苦难与贫穷，过上了较为富裕的生活，同时也让中国的国际地位得到了迅速提升。毫无疑问，这也为构筑当下中国在国际事务中的自信、底气和担当奠定了物质基础。

党的十八大重申的"两个一百年"的奋斗目标，即在中国共产党成立一百年时全面建成小康社会，在新中国成立一百年时建成富强民主文明和谐的社会主义现代化国家。这与"中国梦"相辅相成，是中国未来的奋斗目标。而这一切的实现，归根到底还必须依靠"发展"二字。"发展"应成为中国社会进步的主旋律。

诚然，如同其他任何一个发达国家在发展过程中所经历的那样，中国在实现工业化和现代化的道路上，也不可避免地产生了一系列的生态和环境问题，甚至造成局部生态与环境的破坏，虽然这可能是人类社会经济发展的共性规律，但中国可以通过"科学发展"而减轻、克服和避免。中国把生态文明建设作为"五位一体"总体布局的重要部分，这是国家治理的重大创新，是经济－环境协调发展的伟大创举。这说明中国有能力解决发展中的环境问题，将环境代价控制在可接受的范围内。

中国自改革开放以来，碳排放总量已跃居世界前列，在气候变化谈判中备受关注。同时，作为最大的发展中国家，中国对于碳减排的态度在很大程度上影响着整个发展中国家集团，并对全球气候变化谈判的进程和成败起到举足轻重的作用。因此，无论是从自身节能减排的角度，还是从国际谈判的角度出发，我们都需要系统全面地了解中国碳排放的现状，厘清减排的社会影响，预测减排的合理途径；在此基础上，辨析世界各国碳排放的历史责任，从而为达成科学可行的全球减排目标、建立公平合理的碳减排分配方案、维护发展中国家的正当发展权益，提供坚实的数据基础和科学依据。

基于这一需求，2009 年 5 月，中国科学院学部立项"关于全球变暖的认识及应对策略建议"，并组建了工作组。在中国科学院学部的支持下，工作组对中国及世界的碳排放及其变化进行了较为全面系统的测算，对中国陆地生态系统碳汇进行了估算和预测。据此，向国务院提交了《哥本哈根气候变化谈判的科学建议》咨询报告及相应的技术测算报告。2015 年年底，巴黎气候大会进一步明确了各国的减排目标，确定了融资与技术转移的具体内容。为从科学上支持中国的气候变化谈判事务、促进中国的碳排放研究、提高国民对气候变化的科学认识，我们对 2009 年向国务院提交的技术测算报告及后续的一些研究工作，进行了进一步的研究、更新和完善，最终形成了本书。

本书忠实于事实，用数据说话，以科学为依据，聚焦全球变化与碳排放两大主题，研究了当今世界碳排放的格局，以及碳排放与社会发展的关系。在本书中，我们利用全球碳平衡原理，提出了"贡献排放量"的概念，测算了全球主要国家的碳排放配额，评估了不同减排方案的内涵和对不同利益集团的可能影响；根据现有气候谈判所设定的减排目标，预测了中国的碳排放路径，并从社会经济学的角度，探讨了我国各省（自治区、直辖市）碳排放的情景以及碳减排的策略。

本书的诸多分析框架算不上复杂，所用的数据来源也均为可以公开获得的数据库和统计年鉴。气候变化涉及的领域非常广泛，由于作者自身的知识背景和分析工具的限制，本书仅仅讨论了气候变化的科学、政策方面的问题，并且将重点放在碳排放与气候变化的科学方面。希望本书能够抛砖引玉，为我国碳排放及气候变化研究提供一些思路和数据。

本书涉及的大部分工作是在中国科学院前院长路甬祥院士和前副院长李静海院士的直接领导下完成的，并得到丁仲礼副院长的大力支持和指导。中国科学院院士局原局长马扬、原副局长刘峰松、原处长王澍、副处长张家元以及冯霞博士、刘伟伟博士等，为我们的工作提供了大量的支持和帮助。在多次讨论、交流过程中，张新时先生、郑度先生、陆大道先生、丁一汇先生、马志明先生、徐嵩龄先生、潘家华教授、胡秀莲教授、J. G. Canadell 教授等诸多国内外专家给予了热情指导和大力帮助。在此，一并致谢。

方精云

2017 年 5 月
于北大朗润园

缩　略　语

缩写	英文全称	中文名称
BAU	business as usual	基准情景
BEF	biomass expansion factor	生物量转换因子
CCS	carbon capture and storage	碳捕获与封存（技术）
CDIAC	Carbon Dioxide Information Analysis Center	（美国橡树岭国家实验室）二氧化碳信息分析中心
CEIC	contributed emission to increased atmospheric CO_2	二氧化碳贡献排放量
CFCs	chloro-fluoro-carbons	氟利昂类物质（氯氟烃）
EIA	Energy Information Administration	（美国）能源信息署
EKC	environmental Kuznets curve	环境库兹涅茨曲线
GCI	Global Commons Institute	（英国）全球公共资源研究所
GDR	greenhouse development right	温室发展权（减排方案）
GPP	gross primary productivity	总初级生产力
IAC	InterAcademy Council	国际科学院理事会
IEA	International Energy Agency	国际能源署
IGCC	integrated gasification combined cycle	整体煤气化联合循环（发电技术）
INDC	intended nationally determined contribution	国家自主贡献
IPAC	integrated policy assessment model in China	中国政策评价综合模型
IPAT Identity	impact=population × affluence × technology	IPAT 恒等式
IPCC	Intergovernmental Panel on Climate Change	政府间气候变化专门委员会
NDR	national development right	国家发展权（减排方案）
NIPCC	Nongovernmental International Panel on Climate Change	非政府间国际气候变化专门委员会
OECD	Organization for Economic Co-operation and Development	经济合作与发展组织
RCI	responsibility-capacity index	基于综合的责任和能力指标
REN21	Renewable Energy Policy Network for the 21st Century	21 世纪可再生能源政策网络
TOF	trees outside forest	森林外树木
UNEP	United Nations Environment Programme	联合国环境规划署
UNFCCC	United Nations Framework Convention on Climate Change	《联合国气候变化框架公约》
WMO	World Meteorological Organization	世界气象组织

目　录

全球气候变化与不确定性

1

方精云　朱江玲　王少鹏　岳　超　沈海花

以温暖化为主要特征的全球气候变化问题关系到人类的生存和发展，是21世纪人类社会面临的最严峻挑战之一。化石燃料燃烧和土地利用的变化所导致的碳排放被认为是引起全球变暖的最主要原因（Gleick et al.，2010；IPCC，2013）。碳排放与社会经济发展密切相关（丁仲礼等，2009a；方精云等，2009；王少鹏等，2010b；朱江玲等，2013），因此气候变化问题也从单纯的科学研究领域演变成当今国际政治、经济和外交的热点议题。

为了应对气候变化，世界气象组织（World Meteorological Organization，WMO）和联合国环境规划署（United Nations Environment Programme，UNEP）于1988年成立了政府间气候变化专门委员会（Intergovernmental Panel on Climate Change，IPCC），以全面评估全球气候变化的观测事实、原因，气候变化对自然和社会系统的潜在影响，以及人类可能采取的应对策略。1990年，IPCC发布了第一份评估报告，此后每隔5~7年发布一次。至今，IPCC已发布了5次综合评估报告以及多个专题报告。其中，2007年发布的第四次评估报告（IPCC-AR4）由130多个国家450多位主要作者、800多位撰稿人编写，代表着当时气候变化研究的主流认识。该报告在全球变暖的机制上，强调人为活动的影响，强调CO_2浓度与增温的关系。然而，地球是一个极其复杂的动态系统，各种因素盘根错节，因果关系之间存在很大的不确定性（Lomborg，2003）。IPCC-AR4发布后，其结论受到了许多科学家的质疑，如2007年成立的非政府间国际气候变化专门委员会（Nongovernmental International Panel on Climate Change，NIPCC）就曾针对IPCC评估报告提出了许多有争议性和分歧性的问题（Singer，2008；Idso and Singer，2009）。尤其是2009年出现"气候门"和"冰川门"事件（Heffernan，2009；Schiermeier，2010）之后，IPCC-AR4的公信力更是受到了科学界的质疑。IPCC报告的政治倾向及撰写过程的纰漏成为国际舆论的焦点。有鉴于此，联合国秘书长委托独立的国际学术团体组织——国际科学院理事会（InterAcademy Council，IAC）对IPCC的工作程序与评估过程展开独立调查。调查结果认为，尽管IPCC工作总体上是成功的，但需要从根本上改革其管理结构、增强其程序的监控，以便处理数量巨大、内容复杂的气候变化评估，并得到更有效的公众监督（Shapiro et al.，2010）。对IPCC-AR4主要结论的争论焦点集中在以下四个方面。

1）气候变暖是否在发生?

2）气候变暖的主要驱动因素是什么（即人类活动和自然过程的贡献各有多大）?

3）基于现有气候模式预测未来气候变化趋势的准确性如何?

4）气候变化的影响程度如何?

其中，最本质的争论在于气候变化的驱动因素，即气候变暖是由人类活动导致的还是自然过程引起的，这也是国际社会应对气候变化以及进行以碳减排为核心的气候变化谈判的基石。

2014 年 IPCC 公布了第五次评估报告（IPCC-AR5），主要包含以下结论（IPCC，2013）。

1）气候系统的变暖是毋庸置疑的。自 20 世纪 50 年代以来，观测到的许多变化在几十年乃至上千年时间里都是前所未有的。

2）过去三个十年的地表温度已连续高于 1850 年以来的任何一个十年。在北半球，1983~2012 年的 30 年可能是过去 1400 年中最暖的 30 年。

3）1901~2010 年，全球平均海平面上升了 0.19（0.17~0.21）m，海洋变暖是地球温暖化的主要能量来源，1971~2010 年，海洋水体上层（0~700m）已经变暖。

4）过去 20 年以来，格陵兰冰盖和南极冰盖的冰量一直在消减，全球范围内的冰川几乎都在持续退缩，北极海冰和北半球春季积雪范围在持续缩小。

5）人类活动是气候变化（20 世纪中叶以来）的主要原因。

由该报告引发的新一轮争论正如火如荼。因此，正确认识气候变化问题、厘清其争论的焦点是制定气候变化政策的基础。本章主要围绕气候变暖是否在发生以及变暖的主要驱动因素展开讨论，并探讨 CO_2 排放与增温的关系。

1.1 气候变暖及其不确定性

1.1.1 气候变暖的观测事实

关于地球是否在变暖，几年前还是有争议的问题（Singer，1999，2003）。但近几年来，这种争议逐渐减少。各地的气温观测数据表明，近百年来全球平均气温在升高（Singer，2008；Brohan et al.，2006；Smith et al.，2007；Hansen et al.，2010）。这不仅反映在温度的上升方面，其证据还包括各地观测到的海平面上升、冰雪消融、春季物候提前和生长季延长等事实。

（1）温度升高

在历史的长河里，全球温度经历了暖期与冰期的交替变化。末次冰期结束后（大约在 12 000 年前），全球温度开始上升，持续至约 8000 年前；之后地球进入低温时期，此降温过程直到大约 300 年前结束（1700 年前后）。此后，温度又开始回升，地球进入温暖期。尤其是近百年（器测时期）以来，全球平均气温显著升高，升温速率也有加快趋势（图 1-1）。目前，地球正处

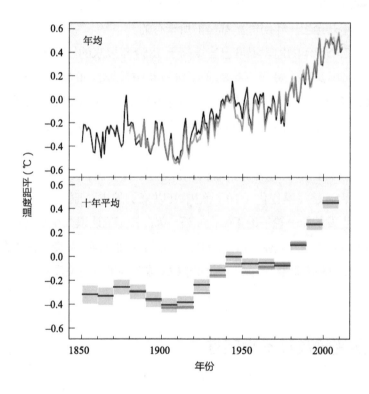

图 1-1 全球平均陆地和海洋表面温度距平变化（1850~2012 年）（IPCC，2013）

观测到的全球平均陆地和海洋表面温度距平（1850~2012 年），源自三个资料集，在图中分别用不同颜色表示。上图为年均值，下图为十年均值，包括一个资料集（黑色）的不确定性估计值。各距平均为相对于 1961~1990 年的均值

于千年以来温度最高的时期（IPCC, 2013）。我国在过去的近百年里平均气温也呈增加趋势，平均上升了 0.5~0.8℃ / 100 年，尤其是 20 世纪 80 年代以后升温更加显著：20 世纪 80~90 年代平均上升了约 0.3℃（李学勇等，2007）。1909~2011 年，中国陆地区域增温达 0.9~1.5℃，近 15 年来，虽然增温趋势有所缓和，但仍属于近百年来气温最高的阶段（Cao et al., 2013; 唐国利和任国玉，2005；王绍武等，1998）。

然而，全球变暖表现出很大的地域差异。一般而言，陆地表面比海洋表面增温快，北半球高纬度地区比低纬度地区增温快，增温幅度大（IPCC, 2013）。在过去半个世纪里，我国气候变暖的发生时间及增温幅度也是因地区而异：增温于 1975 年前后开始于东北地区，之后出现于东部和南部沿海地区（1980 年前后），并逐步向内陆地区扩展；西部内陆地区（西北和青藏高原）最晚出现温暖化（1983 年）（王少鹏等，2010a）。增温幅度在东北、西北和华北地区最为明显，而西南、华南地区增暖幅度较小。这种变化在近 100 年、50 年和 30 年尺度具有较好的一致性（李庆祥等，2010）。

（2）海平面上升

潮汐等大量观测数据表明，尽管海平面上升幅度不同，但全球大部分海域均有上升趋势（Church and White, 2006; Goddard et al., 2015; Sallenger et al., 2012），甚至在北美东北海域观测到，2009~2010 年个别观测点海平面升高了 128mm（Goddard et al., 2015），而在一些热点地区，如美国大西洋沿岸，海平面上升的速度比全球平均值高出 3~4 倍（Sallenger et al., 2012）。但也有研究表明，部分区域的海平面存在短时期的回落（Church et al., 2011）。另有研究对潮汐观测数据外推海平面上升的方法有所质疑，认为会导致对海平面变化推算的高估（Cabanes et al., 2001）。

总体来说，虽然海平面升幅存在较大的年际波动，但全球平均海平面自1870 年以来持续上升（IPCC, 2013）。1961~2003 年，全球海平面上升的平均速率为（1.80±0.50）mm / 年，20 世纪 90 年代以后上升速率有所增加，约为（3.10±0.70）mm / 年（IPCC, 2013）（表 1-1）。

海平面上升主要是由海洋增温带来的热膨胀效应以及冰川和冰盖融化导致海水增加等共同引起的（IPCC, 2013）。

海平面上升严重影响了海洋生态系统的平衡，并对沿海国家，尤其是小

表1-1　海平面上升速率及其来源（IPCC，2013）（单位：mm/年）

来源	1961～2003年	1993～2003年
海洋热膨胀	0.42 ± 0.12	1.60 ± 0.50
冰川和冰盖	0.50 ± 0.18	0.77 ± 0.22
格陵兰冰原	0.05 ± 0.12	0.21 ± 0.07
南极冰原	0.14 ± 0.41	0.21 ± 0.35
海平面上升的单个气候因子的贡献总和	1.10 ± 0.50	2.80 ± 0.70
观测到的海平面上升总量	1.80 ± 0.50	3.10 ± 0.70

岛国的社会经济产生了重要的负面影响，甚至威胁到了部分小岛国的生存。据预测，未来冰川的快速融化，也会对海平面的升高产生影响，但存在较大的区域差异（Tollefson，2015）。

（3）冰雪消融

大量观测数据表明，过去的一个世纪，全球多数地区雪盖（冰雪覆盖）减少。自20世纪中叶以来，北半球积雪范围已缩小，1966~2012年，3月、4月的平均积雪范围每10年缩小1.6%，6月的平均积雪范围每10年缩小11.7%。在南半球，过去40年的雪盖有所下降或者变化不显著。在雪盖减少的地区，气温常起主导作用，如北半球4月雪盖面积与北纬40°~60°地区的4月气温高度相关（IPCC，2013）。中国的冰雪观测数据表明，1960~2005年，雪盖面积有所减少，但全国平均降雪厚度在20世纪80年代后出现增加趋势。在空间上，南方地区平均降雪厚度在下降，而北方降雪厚度在增加。北方降雪厚度增加主要是北方冬季降水量增加所致（Peng et al.，2010；Yu et al.，2013）（图1-2）。

此外，对海冰和冰川的观测表明，过去150年间全球大部分地区的海冰及冰川都呈现萎缩趋势，尤其是2005~2009年，缩减速率达301Gt/年（IPCC，2013）。例如，自1978年以来，北极地区海冰面积以每年2.7%±0.6%的速度递减，海冰厚度也有下降趋势（Gerland et al.，2008；Liston and Hiemstra，2011）。南美巴塔哥尼亚、亚洲喜马拉雅、美国阿拉斯加和美国西北部以及加拿大西南部的冰川和冰盖大量减少（Byers，2005）。卫星

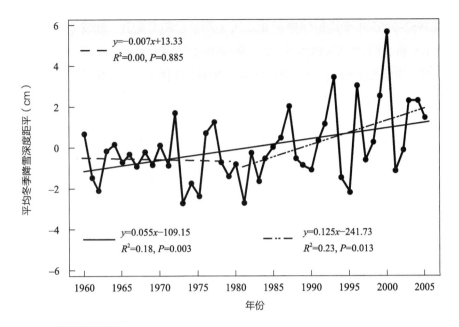

数据表明，青藏高原平均每年冰川减少 15.6Gt 左右（Neckel et al., 2014）。但也有报道称，南极冰川在扩大（Allison et al., 2009）。最近 20 年，南极海冰覆盖面积增加（NASA & Buis, 2012），尤其是在南极东部海域，1990 年以来冰川呈现扩张趋势，1990~2000 年扩张冰川达到 72%（Miles et al., 2013）。

（4）生长季延长

各地的物候观测表明，大多数植物和动物的春季物候提前，秋季物候推迟，从而导致生长季延长（Zhou et al., 2001; Stöckli and Vidale, 2004; Piao et al., 2006, Zhang et al., 2013）。观测也显示，动物冬眠的时间推迟，如加拿大 20 年来松鼠的冬眠时间平均每年推迟 0.47 天（Lane et al., 2012）。我国物候观测结果表明，各地物候期的年际波动与春季气温的年际波动具有明显的相关性，东北、华北及长江下游地区春季物候提前最明显（郑景云和葛全胜，2002）；近 150 年来北京地区春季物候提前了 2.8~3.6 天（张学霞等，2005），而秋季物候在 1962~2005 年平均每年推迟 0.32 天（郑景云和葛全胜，2008）。基于遥感数据的分析表明，1982~1999 年，中国温带植被的春季物候平均每年提前 0.79 天，生长季平均延长 1.16 天/年（Piao et al.，2006）（图 1-3）。青藏高原植被的返青期在 1982~2011 年的 30 年间持续提前（Zhang et al.，2013）。同样，Zhou 等（2001）利用遥感数据分析表明，1982~1999 年，北纬 40°~70° 欧亚大陆植被生长季平均延长了 18 天，而北美大陆延长了 12 天。

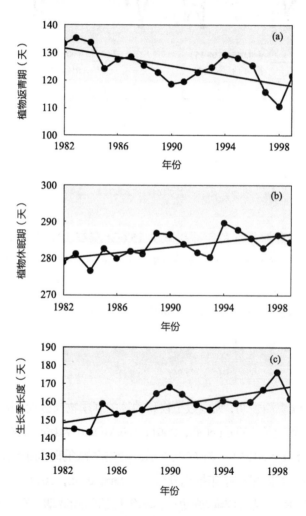

图 1-3 1982~1999 年中国温带植被物候期的变化（Piao et al.，2006）
（a）植物返青期；（b）植物休眠期；（c）生长季长度。纵坐标天数均为从 1 月 1 日开始计算

1.1.2　气温变化的不确定性

如上所述，近代地球在变暖是一个基本的观测事实，但其变暖的幅度却存在很大的不确定性（Brohan et al.，2006；任国玉，2008；王绍武，2010；方精云等，2011）。不确定性的主要来源可以概括为以下几个方面。

1）地质历史时期温度的推算主要来自冰芯、古孢粉、考古、树轮等代用数据及古文献资料（葛全胜，2011）。由于代用数据在空间分布和时间跨度上都非常有限，且部分数据对气温变化不够敏感，因此基于这些结果重建的局部或全球的温度趋势存在极大的不确定性。一种代用资料往往不够全面、代表性不足，且受多种环境因子影响（葛全胜等，2010）。例如，树木年轮定年准确、连续性强、分辨率高，是比较理想的代用资料之一，但树木年轮与气候要素的响应关系复杂，不仅受气温的影响，还受 CO_2 浓度、降水量等影响，且空间位置、树种不同，响应关系也有差异。这些都会造成结果的不确定性。而不同代用资料对气温变化的反映又不同。因此选用不同代用资料或不同重建方法，得出来的结果有时相差甚大。

2）在器测时期，气象站点的数量和分布对全球温度的估算值影响很大。具体表现为：在早期，站点较少，且主要分布在北半球中纬度地区，尤其是欧美国家；此后站点逐渐增多，但在一些地区，尤其是南半球和海洋区域，站点仍然稀缺，一些地区甚至为空白。观测站点的数量和分布显著影响着对全球温度及其趋势的估算（王芳等，2009；顾问等，2010）。

3）近百年来发生在全球各地的城市化进程对区域和全球温度变化可能产生了深刻的影响。例如，在过去 30 年间（1975~2004 年），我国上海城区与郊区之间年均温、平均最低和最高气温的差值都随着城市化进程和城区面积的扩大而增加，30 年间差值可达 0.7~1.0℃（Zhao et al.，2006）。基于遥感和地面观测数据的分析表明，在华南地区城市热岛效应对城市和区域温度有着显著的影响（Zhou et al.，2004）。在美国，Goodridge（1992）也同样发现城市热岛效应对区域温度的影响：大型城市温度增加趋势显著，中等城市较显著，而小型城市则几乎不存在增温趋势。

城市热岛效应对区域和全球温度的贡献大小是一个有争议的问题。IPCC（2007）认为，城市热岛效应的影响是存在的，但这种影响具有局地性，因而对全球温度的贡献较小，小于 0.06℃ / 100 年。最近，IPCC（2013）认为，热岛效应的影响不超过 10%。Trenberth 等（2007）的估计更小，其认为自 1900 年以来城市热岛效应对全球变暖的贡献仅为 0.02℃ /100 年。然而，一个不可忽视的因素是，地表平均气温是由气象站观测数据计算得到的，而气象站大都分布在城市及其邻近地区。因而，基于气象站观测数据的计算结果自然会受到显著影响。例如，有研究表明，1951~2004 年，城市化对中国升温的贡献率达 40% 左右（Jones et al.，2008），甚至可高达每 10 年 0.1℃（Yang et al.，2011），而在日本贡献率可达 25%（Fujibe，2009），而设置在农村的气象站点则不受影响（Chatterjee et al.，2011）。

4）其他因素，如温度的插值方法等也会对温度及其趋势产生影响。由于分析方法不同，三种温度序列（HadCR UT3、GISS 和 NCDC）对最近几十年的解释就存在差异。Knight 等（2009）利用 HadCR UT3 温度序列模拟的结果显示，在最近的 12 年里（1998~2009 年），全球平均温度没有显著变化，处于高温平台。支持此观点的还有 Kerr（2009）。然而，GISS 和 NCDC 温度序列的模拟结果表明，全球近 10 年温度变化依然呈明显上升趋势（Allison et al.，2009；Schmidt and Rahmstorf，2008）。Allison 等（2009）认为，HadCR UT3 数据系列未包括北极资料，而北极地区在近 25 年来气候显著变暖，因此可能低估了近 10 年的变暖趋势。Wang 等（2010）通过文献资料分析，认为 1999~2008 年仍是过去 30 年间温度最高的时期，尽管 10 年间平均温度没有上升，但全球变暖仍在持续。中国在 1999~2008 年平均温度以 0.4~0.5℃ /10 年的速度上升，尤其是中国东北部上升趋势十分明显。最近 10 年的气温变化已经停滞还是在持续上升仍存在争议，但讨论气候变化至少需要 25~30 年的观测数据，利用 10 年的数据来说明未来的气候变化趋势很勉强。

1.2　气候变化的影响因素及其不确定性

影响气候变化的因素很多，主要有温室气体、太阳活动、气溶胶排放、地球轨道变化以及大气和海洋环流等。主要可归为人为因素和自然因素两类。前者是指人类活动所引起的温室气体和气溶胶排放，后者主要包括太阳活动、火山爆发等因素（IPCC，2013）。IPCC 将气候变暖主要归因于温室气体，特别是 CO_2 浓度的增加（IPCC，2013）；而坚持自然因素起主要作用的学者认为，目前的增温只是气候变化历史长河中的一个阶段（Singer，2008；Akasofu，2009）。这两种观点成为目前争论的焦点。这两类影响因素的相对重要性直接影响着全球气候谈判，以及国际社会应对、适应和减缓气候变化的政策走向及行动取向。

1.2.1 温室气体的作用

温室气体是指大气圈内能吸收红外辐射使大气温度升高的气体。如果大气层不存在，则地球表面平均温度为 −19℃，但实际上地球表面的温度能保持在 14℃左右，即温室气体的温室效应能使地球表面温度升高 33℃。法国科学家 Joseph Fourier 于 1824 年最早发现了这一现象，1896 年瑞典科学家 Svante Arrhenius 首次定量证明了这一发现，指出如果大气 CO_2 浓度加倍，地球表面温度将升高 5~6℃（Weart，2008）。

大气中的主要温室气体包括水汽（H_2O）、二氧化碳（CO_2）、甲烷（CH_4）、氧化亚氮（N_2O）、臭氧（O_3）、氟利昂类物质（chloro-fluoro-carbons, CFCs）等。温室气体对大气升温的贡献率大小取决于其在大气中的浓度（含量）和温室效应强度。综合这两种特性，主要大气成分水汽、CO_2、CH_4 及 O_3 对温室效应的贡献率大小分别为 36%~72%、9%~26%、4%~9% 和 3%~7%（Kiehl and Trenberth，1997；Trenberth et al.，2009）。

温室气体对维持生物存活的地球温度是至关重要的。然而，150 年来人类活动导致大气中温室气体浓度显著增加，这是全球变暖的重要因素。在过去的 260 多年里（1750~2011 年），大气中的 CO_2 浓度由 278ppmv[①]增加到 391ppmv，CH_4 浓度由 720ppb[②]增加到 1803ppb，N_2O 浓度由 270ppb 增加到 324ppb，大约分别增加了 40%、150% 和 20%（IPCC，2013）。这些温室气体浓度增加的主要来源是：CO_2 主要来自化石燃料使用和水泥生产，以及土地利用变

① ppmv：1ppm=1×10^{-6}，v 表示体积比，下同
② 1ppb=1×10^{-12}，下同

化（如热带毁林）所导致的排放；CH_4 主要来自畜牧业、水稻田、湿地等排放；N_2O 主要产生于施肥等农业生产活动；CFCs 则主要来自冰箱、空调等制冷剂的使用。火山爆发等自然过程排放的 CO_2 所占的比例很小，只占人为活动排放 CO_2 的 1%（Gerlach，1991；Pérez et al.，2011）。

在所有温室气体中，水汽对温室效应的贡献最大，它贡献了全部温室效应的 1/3~2/3。水汽约占大气成分的 2%，主要来自地表和海洋蒸发以及植物蒸腾作用。由于人们一直认为对流层中水汽含量不存在明显变化，水汽的增温作用长期被忽略。事实上，全球变暖使蒸发增强，从而导致大气中水汽含量增加，而大气的热膨胀可以容纳更多的水汽，从而对升温产生正反馈作用。一些区域的观测结果表明，过去的几十年，水汽含量显著增加（Shindell，2001；Santer et al.，2007；Dessler et al.，2008）（图 1-4），并对全球变暖产生了增强作用（Smith et al.，2001），因此逐渐成为全球地表温度变化的重要驱动因素。

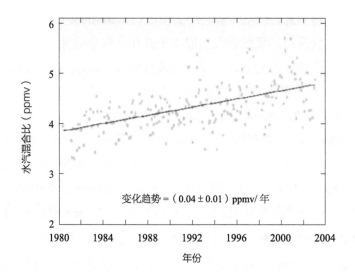

图 1-4 过去 25 年美国科罗拉多州高空 20~22km 的水汽含量变化（Evans, 2005）

1.2.2　气溶胶的作用

气溶胶（aerosol）是大气中的一种微小颗粒，主要由火山爆发所产生的火山灰、化石燃料排放所产生的 SO_2 等大气污染物，以及生物质燃烧所释放的微粒等组成。气溶胶通过影响大气化学过程、辐射过程和云物理过程的变化而影响近地表辐射平衡和气温。绝大部分气溶胶，如硫化物、生物质颗粒、化石燃料排放的有机碳和对流层中的气溶胶等因反射太阳辐射而对大气产生降温作用；但也有少量的，如化石燃料排放的炭黑（black carbon）具有增温效果；而无机粉尘的增降温机制不清。此外，气溶胶通过影响水云并引起云反照率效应，产生间接的降温作用（Haywood and Boucher，2000；Ramanathan et al.，2001）。

与温室气体相比，气溶胶在大气中驻留时间短，从几小时至数天数月，但大气总能够保持一定量的气溶胶。Lu 等（2010）对中国 2000~2006 年的 SO_2 排放趋势的分析表明，SO_2 排放量从 21.7Tg 增加到 33.2Tg，增加了53%；其中北方和南方各增加了 85% 和 28%。由于气溶胶分布不均及其复杂的化学反应，模拟气溶胶的影响较为困难（Broecker，2006），且不同气溶胶的降温或增温强度具有很大的不确定性（Lomborg，2003）。Ramanathan 和 Carmichael（2008）指出，炭黑气溶胶可能是造成气候变暖的第二大根源，其作用仅次于 CO_2。其所产生的直接辐射强迫可达 $0.9W/m^2$，是同期 CO_2 辐射强迫的55%。而多数学者认为，气溶胶对气候变化的总体作用是降温效应（Mitchell et al.，1995；Hansen et al.，2000；Myhre，2009），但对全球变暖的相对贡献持不同观点。Hansen 等（2000）认为，气溶胶的降温强度可以抵消过去几十年里人类活动排放的 CO_2 的增温效果。但也有研究认为，气溶胶的冷却效果不强，只能抵消温室气体的10%左右（Myhre，2009）。IPCC（2013）认为，大气中气溶胶总效应的辐射强迫为 $-0.9W/m^2$，气溶胶降温效应变动于 -0.6~$0.1℃$，具有较大的不确定性。

1.2.3　太阳活动的影响

太阳是地球热能的最主要来源，太阳活动与地球温度变化关系密切，但太阳活动变化对地球温度变化的影响到底有多大还很不确定。有学者认为，太阳活动增加导致地球增温（Hansen，2005；Scafetta and West，2007；Randel et al.，2009）。例如，观测表明，在长时间尺度上，太阳活动强度与北极地区的温度变化之间有很好的一致性（Soon，2005）；太阳黑子的变化与全球温度之间也呈良好的对应关系（Usoskin et al.，2005）。这说明太阳活动可能是影响长期温度变化的主要因素之一。然而，大多数研究认为，太阳活动在 20 世纪 60 年代以前是地球气候变化的重要影响因素，但最近的气候变暖很难用太阳的活动变化来解释（Solanki and Krivova，2003；Foukal et al.，2006；Lockwood and Fröhlich，2007）。如图 1-5 所示，1850~1960 年，太阳总辐射与温度的变化十分吻合，但之后，太阳总辐射有所减少，而温度却在持续上升。此外，也有研究表明太阳活动增强反而促使降温。例如，Haigh 等（2010）对 2004~2007 年的太阳光谱数据进行分析发现，与 2004 年

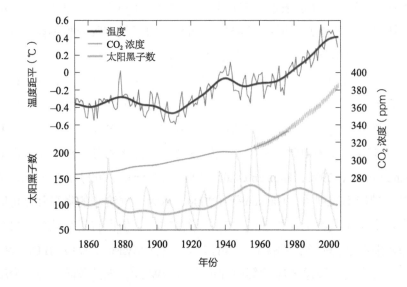

图 1-5 1850 年以来太阳黑子与温度的年际变化①

---

① 此图来源于 http://solar-center.stanford.edu/sun-on-earth/glob-warm.html

相比，2007 年太阳活动强度更弱，但抵达地球对流层的太阳能量净值比 2004 年多，这说明当太阳活动减弱时，到达地球表面的可见光增多了，从而促使地球表面温度上升。

火山活动也是重要的自然因素之一。火山喷发产生的火山灰和气体通过影响大气的辐射传输来降低地球平均气温（Kelly and Sear，1984；Robock，2000；Miller et al.，2012；Minnis et al.，1993），并通过改变大气环流、水平垂直增温差等来影响气候变化（Forster et al.，2007）。由于火山喷发存在季节、纬度和强度的差异，因此喷发物的空间分布特征不同，所进入的大气层不同，产生的辐射强迫也不同（Robock，2000；Bourassa，2012，2013）。大规模的火山喷发会产生较大的辐射强迫，如 2008~2011 年，喷发产生的辐射强迫为 $-0.11W/m^2$，是 1999~2002 年的 2 倍（Solomon et al.，2011）。但目前没有好的方法预测火山活动以及热盐环流的变化，因而无法准确量化火山等自然因素对气候变暖的作用，而火山喷发对植被乃至碳循环的影响也有较大争议（Frölicher et al.，2011）。这也许是在气候变暖中强调人为因素影响的原因之一（王绍武，2010）。

1.3 CO$_2$ 排放与气温变化的关系

在前述的人为源温室气体中，CFCs 的排放已受到有效控制，CH$_4$ 和 N$_2$O 基本属于自然释放，因此人们对它们的关注度较小。目前，人们最关注的是 CO$_2$ 排放。主要原因是 CO$_2$ 不仅为最主要的人为源温室气体，也被认为是影响温度上升的最主要因素，并且与其他温室气体相比，控制其排放的可能性更大。

实际上，大气 CO$_2$ 浓度的增加涉及很多非常复杂的因素，如海陆生态系统的自然释放和人为活动排放，但其定量机制和过程尚不十分清楚。为说明这一问题，本节从全球碳循环的角度，来简单分析人为源和自然源 CO$_2$ 的来源和归宿（图 1-6）。

1.3.1 全球碳循环与大气 CO$_2$ 浓度增量的来源

如果陆地生物圈与大气之间的碳交换处于平衡状态，则全球陆地生物圈

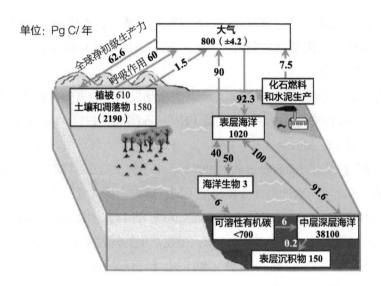

图 1-6 21世纪初（2000~2007年）的全球碳循环模式图
根据 Schimel（1995）和 Canadell 等（2007）修改

每年从大气中吸收（123±8）Pg C 的 CO_2 [即总初级生产力（gross primary productivity, GPP）；1Pg C/年 =10^{15}g C/年 = 10 亿 t C/年]（Beer et al., 2010）。同时，植物通过自身的呼吸（自养呼吸）和生态系统的异养呼吸（土壤微生物和土壤动物等的呼吸）向大气中排放等量的 CO_2。

但是，全球碳循环的平衡模式正在受到干扰。一方面，近年来人为活动（化石燃料燃烧及土地利用变化）排放的 CO_2 约为 9.5 Pg C/年（Le Quéré et al., 2014），是陆地和海洋生物圈自然释放 CO_2 的 1/25。另一方面，由于目前的气候系统处于非平衡状态，气温升高也可能导致土壤异养呼吸和海洋碳排放的增加（Le Quéré, 2007；Bond-Lamberty and Thomson, 2010）。如果这部分增加的 CO_2 不能被生态系统所吸收，也将导致大气 CO_2 浓度的增加。即大气 CO_2 浓度的增加不只来自人类活动的碳排放，也可能来自陆地和海洋生态系统对气温升高的响应。对地球自然源和人为源 CO_2 总排放量以及总吸收量进行概算表明，全球自然源和人为源 CO_2 总排放量约为 250Pg C/年，而全球海陆和大气 CO_2 总吸收量约为 230Pg C/年（表1-2），即地球总排放量与总吸收量之间收支不平衡，相差约 20Pg C/年。这相当于目前人为活动总排放量的 2 倍。可见，大气中 CO_2 增量的来源并不是很清楚。换言之，增加的大气 CO_2 浓度是否都是人为排放的，是一个不确定的问题。

表 1-2　全球自然和人为 CO_2 排放总量以及海陆和大气 CO_2 总吸收量

	排放量（Pg C/ 年）	吸收量（Pg C/ 年）	
自然排放		陆地生物圈吸收	120~150
陆地生物圈自养呼吸	60~75	海洋生物圈吸收	90~93
陆地生物圈异养呼吸	70~90	大气储存	4~5
海洋表面排放	90		
人为排放			
化石燃料燃烧	7~8		
毁林	1.5~2		
总排放量（取中间值）	250	**总吸收量（取中间值）**	230

资料来源：IPCC（2013）；Canadell 等（2007）；Le Quéré 等（2014）；Beer 等（2010）；Bond-Lamberty 和 Thomson（2010）

1.3.2　碳排放与增温的关系

CO_2 浓度升高与增温之间的关系是一个有争议的问题。

IPCC（2007，2013）认为，目前的升温很有可能是由 CO_2 等温室气体浓度的增大导致的。该结论依据的物理学基础是：① CO_2 是温室气体，温室气体增加必然导致大气温度的升高；②过去 100 多年来，大气 CO_2 浓度增加了，增加的 CO_2 浓度应该会导致大气增温。同时，气候模式研究结果表明，即使考虑了所有的自然因素和分析误差，也不能解释现在的升温现象。只有把人为排放的 CO_2 等温室气体考虑进去，才能较好地说明目前的升温现象。

对这一物理过程以及逻辑本身，科学界是达成共识的。人们质疑的是 IPCC 是否片面地过分强调了人为源 CO_2 排放的影响，并夸大了温度对 CO_2 浓度的敏感度。CO_2 浓度升高与气温变化的关系非常复杂，定量描述气温变化对 CO_2 浓度升高的敏感度也存在很大的不确定性。例如，辐射强迫往往用来定量表示温室气体排放对气温变化的作用。IPCC（2013）综合了众多研究结果后指出，自工业化时期以来，大气 CO_2 浓度增加所产生的辐射强迫为 $1.68W/m^2$，尤其是在 1995~2005 年，这种增加导致的辐射强迫增加了 20%。然而，一些研究表明，CO_2 辐射强迫比 IPCC 给出的值要低（Schwartz，2008；Lindzen and Choi，2009；Trenberth et al.，2010）。尽管数据的取舍年份可能会影响其结果，但还是说明 CO_2 浓度增加对气温升高的作用可能比 IPCC 给出的结果小得多。

如前所述，大气温度的变化除受温室气体影响外，还受其他因素（如自然过程以及气溶胶等）的影响。然而，自然因素对温度变化的作用机制并不明确，气溶胶的作用更是存在不确定性。因此，把气候变暖的原因简单归结为温室气体浓度升高可能是片面的。在器测时期的 100 多年里，若干时期的气温变化与 CO_2 浓度增加之间方向相反。在过去的近百年里（1910~2010 年），气温与 CO_2 浓度在整体上具有较好的相关性，但在气温变化过程中存在两个明显的降温期：1940~1975 年和 1998~2009 年。在这两个时期，大气 CO_2 浓度一直快速增加（图 1-7a）。如果对 1850 年以来大气 CO_2 浓度与大气温度之间每间隔 30 年左右进行一次相关分析，就可以发现，在这 158 年中，三个时期两者显著正相关，一个时期显著负相关，两个时期相关性不明显（表 1-3）。此外，从大气 CO_2 浓度年增量与全球年均温年变化量来看，二者之间只有很微弱的相关性（$P>0.05$，图 1-7b）。即使考虑温度变化可能滞后于 CO_2 浓度变化，二者关系在统计学上也仍然是不显著的。这些结果表明了地球冷暖变化的复杂性，CO_2 只是影响气温变化的一个方面，短时期气温变化会更多地受 CO_2 以外的因素影响。Lean 和 Rind（2008）认为，太阳辐射和火山爆发等自然因素在近 10 年积累的降温作用可能抵消了温室气体的部分增温作用。

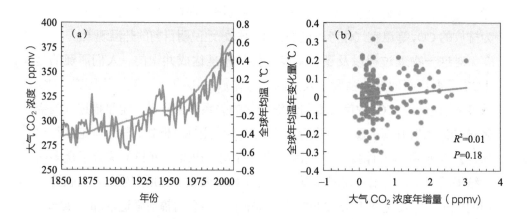

图 1-7 大气 CO_2 浓度与全球年均温的关系（a）；
大气 CO_2 浓度年增量与全球年均温年变化量的关系（b）

表 1-3　大气 CO_2 浓度与全球年均温距平序列的相关系数

时间段	原始序列相关系数
1850~1880 年	0.46*
1881~1910 年	−0.61*
1911~1940 年	0.84*
1941~1970 年	0.02
1971~1997 年	0.79*
1998~2008 年	−0.02

* $P<0.05$

综上所述，尽管 IPCC（2007，2013）把观测到的气温升高主要归因于 CO_2 等温室气体浓度的增加，但对这一问题的不确定性阐述不够，缺乏足够的科学性而导致争议。过去 150 多年来温度有升有降，而气候模式预测的未来气温却一直保持增加趋势，这表明当前气候模型对地球大气系统（尤其对影响气温变化的自然因素）的刻画是不完备的，预测结果存在很大的不确定性（钱维宏等，2010）。也由于此，基于 IPCC 报告给出的 2℃阈值（即当 CO_2 浓度增加到 450~550ppmv 时，可能导致的温度增高值）作为减排的依据是值得怀疑的（Schwartz，2008；Hansen et al.，2007；丁仲礼等，2009a）。一种客观、可以接受的观点是，CO_2 作为一种主要的温室气体，其浓度增加对全球气候变暖有贡献，但贡献多大是一个不确定的问题。科技界在得出准确结论之前，需要加强研究，并明确这些不确定性。

1.4　结语

（1）气候变暖是客观事实，但变暖程度存在不确定性。各地的观测数据表明，近百年来全球平均气温在升高。这不仅反映在温度的增加，其证据还包括海平面上升、冰雪消融及物候期变化等观测事实，但全球到底升温多少存在不确定性。

（2）人类活动和自然因素共同影响着气候变化，其相对贡献难以量化。影响全球气候变化的人为因素主要包括化石燃料使用和毁林等人类活动引起

的 CO_2、CH_4 等温室气体以及气溶胶的排放，自然因素包括太阳活动、火山爆发等。一般来说，温室气体导致升温，而气溶胶使地球变冷。水汽是最大的温室气体，但它在大气中的含量变化较小，而 CO_2 等温室气体的浓度显著增加，其相对的增温效应也显著增加。无论是自然因素，还是人为因素，都对全球温度变化的影响存在不确定性，尤其是气溶胶。

（3）IPCC 认为 CO_2 等温室气体浓度的增加是全球变暖的主要因素，但存在很大的争议。IPCC 报告认为全球变暖主要是由 CO_2 等温室气体浓度的增加导致的，其依据主要来自温室效应的物理学基础和气候模式的研究结果。该结论存在较大争议，争议的主要理由是：①影响全球温度变化的主要因素对温度变化的作用机制不清楚，气溶胶的作用更是存在不确定性；②在过去的百余年里，若干时期的气温变化与 CO_2 浓度变化的方向相反，即尽管大气中 CO_2 浓度持续升高，但气温呈下降趋势或基本稳定；③大气中 CO_2 浓度的年增量与年均温的年变化量之间并不存在显著的相关性；④大气中 CO_2 的来源存在不确定性，目前观测到的大气 CO_2 浓度显著升高并不一定都是人类活动排放导致的。

全球及主要国家的碳排放 ②

朱江玲　岳　超　王少鹏　郑天立　方精云

2009 年 12 月 7~18 日，《联合国气候变化框架公约》（United Nations Framework Convention on Climate Change, UNFCCC）第 15 次缔约方大会在丹麦哥本哈根召开。大会就《京都议定书》第一个承诺期（2008~2012 年）结束后，如何应对全球变化进行了谈判，其核心是发达国家对《京都议定书》第二承诺期（2012~2020 年）的减排目标以及全球远期减排目标的确定。大会仅达成了没有法律约束力的《哥本哈根协议》。尽管如此，碳排放的问题还是再次被推向了舆论前沿，成为各国研究的焦点问题（Ottinger，2009；郑国光，2010）。

2010 年 11 月 29 日，《联合国气候变化框架公约》第 16 次缔约方大会暨《京都议定书》第 6 次缔约方会议（简称坎昆气候大会）在墨西哥举行，为期 12 天的会议并未取得任何进展，甚至出现了些许倒退。在此之后，国际社会为减排做出了更多的研究和努力，呼吁出台更加科学有效的协议，并规定各国减缓、适应、融资、技术和能力建设以及加强所采取行动和支持的透明性（Strachan et al.，2015；吕学都，2015）。因此，2015 年年底召开的巴黎气候大会被寄予厚望。该会议的主要目标包括动员 196 个缔约方共同签署一个全面协议，并促使各国提前宣布自己的"国家自主贡献预案"，同时解决发展中国家融资和技术转移上的问题（Ott et al.，2015）。即便目前已有中国、韩国和瑞士等 40 余个国家提交了 2020 年后应对气候变化目标及行动方案，但在该会议上取得实质成果依旧困难重重。究其原因，在于谈判的关键问题——能否按照"共同但有区别的责任"原则，根据不同国家的碳排放历史，合理进行碳减排责任的分摊——难以得到解决。鉴于目前严峻的碳排放形势并非一日而为，而是由历史碳排放逐渐积累导致的，与工业革命以来快速的现代化工业发展有着密切联系，因此发展中国家较为强调历史排放责任，与发达国家存在分歧。

中国作为目前年碳排放量最大的国家，面临较大的减排压力，因而了解全球及主要国家的历史排放量与当前碳排放形势，对在气候谈判中争取自身排放权并促进合理的国际气候政策的制定非常必要。

2.1 数据来源及计算方法

2.1.1 碳排放和人口 GDP 数据

本书利用美国橡树岭国家实验室二氧化碳信息分析中心（Carbon Dioxide Information Analysis Center，CDIAC）提供的 1850~2010 年世界各国化石燃料 CO_2 排放数据（包括固体燃料、液体燃料、气体燃料、水泥生产、废气燃烧的排放量以及总排放量）（Boden et al.，2009）。人口数据来自两个数据源：1950 年以后的数据来自美国人口调查局网站（http://www.census.gov/），1950 年以前的数据来自 Populstat 人口统计网站（http://www.populstat.info/）。对于 1900 年以前某些年份的缺失数据，利用线性插值的方法进行填补。碳排放强度数据来自美国能源信息管理局（http://www.eia.doe.gov/）及各国碳排放和 GDP 数据（CDIAC：http://cdiac.ornl.gov；Maddison，2001；EIA：http://www.eia.doe.gov/environment.html）。

2.1.2 发达国家和发展中国家的定义

本书定义发达国家为 UNFCCC 附件 I 国家，发展中国家为非附件 I 国家，并对历史上发生过解体、分裂的国家进行了必要的处理。其中，把苏联以及解体后的 15 国均列入发达国家，将南斯拉夫社会主义联邦共和国（1992 年解体为 5 个独立主权国家，其中 2 个属于附件 I 国家，最大成员国南斯拉夫为非附件 I 国家）及其成员国列入发展中国家（http://www.eia.gov/）。另外，本书的主要国家一般指"八国集团"（G8）国家及 5 个大的发展中国家（中国、印度、巴西、南非和墨西哥）。

2.1.3 碳排放指标的计算

为分析不同国家以及发达国家和发展中国家阵营在不同时期 CO_2 排放量的变化，并考虑全球碳排放量的历史趋势，本章设定 3 个不同的时间起点，划分 3 个研究区间。

（1）自 1850 年第二次工业革命前夕开始至 2010 年（1850~2010 年），是人类历史上大规模消耗化石能源的工业发展期，也是化石燃料碳排放最主要的时期。

（2）1950~2010 年，发达国家在第二次世界大战结束后，随着第三次工业革命的兴起，经济迅速恢复，石油等化石燃料的大量使用导致大气 CO_2 浓度剧增，此状态一直持续到 20 世纪 80 年代。同期发展中国家开始工业化进程，也产生了较以往更多的碳排放。

（3）1990~2010 年，以《联合国气候变化框架公约》签署为标志，人类开始关注碳排放与全球温暖化的关系问题，节能减排成为国际社会的共识。《联合国气候变化框架公约》（1992 年）、《京都议定书》（1997 年）等国际公约相继签署，公约框架下的减排行动不断推进（如"巴厘路线图"和《哥本哈根协议》）。然而，这些措施仍难以改变大气中 CO_2 浓度继续高速增加的局面。这部分碳排放在很大程度上来自发展中国家的贡献。

本章就上述 3 个时期，分别计算了世界主要国家的累计排放量、人均累计排放量、年增率及碳排放强度。定义如下。

累计排放量：指某时期（1850~2010 年、1950~2010 年、1990~2010 年）内化石燃料碳排放量的逐年加和。

人均累计排放量：$\sum\limits_{i=1850/1950/1990}^{2010} E_i/P_i$，其中，$E_i$ 代表第 i 年的排放量，P_i 代表当年的人口数。

年增率：碳排放量的年均绝对增加量。由于年际碳排放量波动较大，本研究以 10 年为一时间段进行线性拟合，以得到的斜率作为该时期的绝对变率。

碳排放强度：单位 GDP 碳排放量。

2.2 历年排放量及累计排放量

历史累计排放量是碳排放历史责任的直接度量。本章通过计算 3 个时期内全球、发达国家、发展中国家以及 G8+5 国家（俄罗斯除外）的碳排放累计量，定量分析和确定各个国家或地区的碳排放历史责任。

图 2-1 给出了自 1850 年工业革命前夕以来，全球、发达国家、发展中国家以及 G8+5 国家的历年排放量变化，表 2-1 为 3 个不同时期的累计排放量，表 2-2 为主要国家碳排放量的十年平均值。

由图 2-1、表 2-1 和表 2-2 可以看出如下特点。

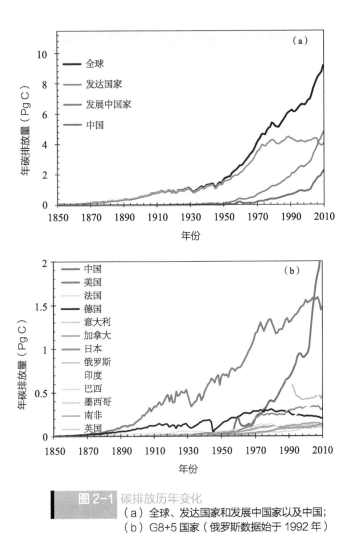

图 2-1 碳排放历年变化
（a）全球、发达国家和发展中国家以及中国；
（b）G8+5 国家（俄罗斯数据始于 1992 年）

　　（1）1850~2010 年，全球共排放 363Pg C；1950~2010 年和 1990~2010 年的累计排放量分别为 303Pg C 和 150Pg C，是总累计排放量的 83% 和 41%。以 3 个时期的累计排放量来看，发达国家与发展中国家的差距在缩小：1850~2010 年为 2.8 倍（271Pg C vs. 97Pg C），1950~2010 年为 2.3 倍（214Pg C vs. 94Pg C），1990~2010 年为 1.4 倍（88Pg C vs. 63Pg C）。发达国家的碳排放累积主要在 1990 年之前，1850~1990 年累计排放量占总累计排放量的 67%；发展中国家的碳排放累积主要在 1990 年以后，1990~2010 年间累计排放量占总历史排放量的 65%。

　　（2）1850~2010 年，除俄罗斯以外的 G8+5 国家的累计碳排放之和

表 2-1　全球、发达国家与发展中国家，以及主要国家三个时期的累计排放量和人均累计排放量

国家/地区	1850~2010 年		1950~2010 年		1990~2010 年	
	累计排放量（Pg C）	人均累计排放量（t C/人）	累计排放量（Pg C）	人均累计排放量（t C/人）	累计排放量（Pg C）	人均累计排放量（t C/人）
全球	363	97	303	65	150	25
发达国家	271	285	214	193	88	72
发展中国家	97	25	94	23	63	13
美国	97	551	73	313	31	110
中国	36	32	36	31	25	20
德国	22	321	15	193	5	59
英国	19	432	10	170	3	52
日本	14	130	13	112	7	54
印度	10	13	10	11	7	7
法国	9	194	6	114	2	36
加拿大	7	378	6	246	3	94
意大利	6	104	5	92	2	43
南非	4	171	4	124	2	49
墨西哥	4	69	4	48	2	22
巴西	3	23	3	21	2	10

注：1Pg = 10^{15}g = 10^9t = 10 亿 t

　　"主要国家"指 G8+5 国家，但不包括俄罗斯

表 2-2　世界主要国家碳排放量的十年平均值　（单位：Pg C）

年份	美国	英国	德国	中国	印度	巴西
1850	9.30	35.60	7.05	0.00	0.03	0.00
1860	16.95	53.44	15.74	0.00	0.17	0.00
1870	36.49	71.22	25.81	0.00	0.24	0.00
1880	74.84	87.27	43.47	0.00	0.80	0.00
1890	130.75	100.27	66.90	0.00	2.02	0.00
1900	255.39	120.41	102.34	2.30	5.32	0.72
1910	392.88	131.25	131.42	4.95	9.68	1.05
1920	476.07	114.90	123.85	8.52	11.72	1.34
1930	421.26	117.83	129.20	14.03	12.61	1.42
1940	617.86	125.18	130.33	19.14	15.67	1.90
1950	730.08	149.84	184.55	68.62	23.20	8.35
1960	917.32	164.94	254.69	139.76	43.28	16.66

续表

年份	美国	英国	德国	中国	印度	巴西
1970	1259.08	171.73	289.50	303.94	69.73	38.76
1980	1250.63	153.16	283.88	518.25	132.22	51.20
1990	1404.90	152.73	241.96	833.75	247.44	70.85
2000	1548.94	145.02	220.53	1475.98	397.28	94.63

（231Pg C）占全球碳排放（363Pg C）的64%；其中，除俄罗斯以外G8发达国家占发达国家累计总排放的64%，基础四国（中国、印度、巴西、南非）和墨西哥占发展中国家累计总排放的59%。占全球累计排放比例最高的国家依次为：美国（27%）、中国（10%）、德国（6%）、英国（5%）、日本（4%）、印度（3%）、法国（2%）和加拿大（2%）。所计算的起始时间点越晚，发展中国家累计排放占全球的比例越高。

（3）1850~2010年，全球碳排放持续增加，20世纪50年代后基本呈线性增加趋势。除美国持续线性增长、日本20世纪70年代短期剧增外，大部分发达国家自70年代开始趋于平稳，1990年以后平稳或略有下降。发展中国家1950年以后呈指数增加，碳排放总量全球占比明显升高，成为全球碳排放的重要来源。与发展中国家总体碳排放趋势相似，中国、印度和巴西等国1970年以后排放量增加较为显著，2000年后中国增加尤为迅速。

尽管发展中国家近期碳排放量迅速增加，但发达国家累计排放量（271Pg C）仍远远高于发展中国家（97Pg C）（表2-1）。这与发达国家较早地进入工业化有关。图2-2给出了1950年以前，世界主要国家的累计排放量占第二次

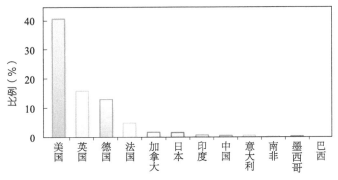

图2-2　1850~1950年世界主要国家累计排放量占总排放的比例

工业革命前夕（1850 年）以来的全球总累计排放量的比例，其中美国、英国、德国和法国依次占 41.0%、15.9%、12.9% 与 5.2%，而印度、中国和巴西等发展中国家均不足 1%。这说明在 1950 年以前的 100 年间，发展中国家基本没有碳排放，现代工业基本没有发展。而发达国家较早地进行了大量的碳排放，侵占了共同的排放空间，因此，其承担历史排放量的责任也是不可推卸的。

图 2-3 为三个时期 G8+5 国家（俄罗斯除外）与其他国家的累计排放量占全球累计排放量的比例示意。由图 2-3 可以看出，起始年份越晚，发达国家累计排放量所占比例越小，而发展中国家，特别是中国和印度的累计排放量占全球累计排放量的比例则有所增加。

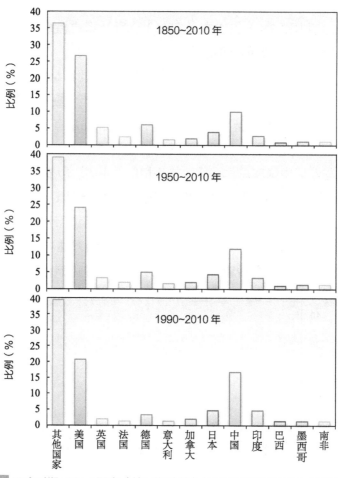

图 2-3 三个时期 G8+5 国家（俄罗斯除外）与其他国家累计排放量所占比例

2.3 人均排放量

1992 年《联合国气候变化公约》确定了"共同但有区别的责任"原则，在一定程度上考虑了发达国家与发展中国家对于大气二氧化碳浓度增加的不同历史责任，以及所处的发展阶段和减排能力的差异（Breidenich et al., 1998）。通过比较全球主要国家的累计碳排放量与人口比例，可以看出，目前排放形势存在显著的不平等（图 2-4）。中国与印度为典型人口众多的发展中国家，其 2010 年人口共占到世界总人口的 37%，而其 1850~2010 年累计碳排放量却仅仅为 10~36Pg C。美国 2010 年人口仅占世界人口的 5%，但其累计碳排放量却高达 97Pg C。2010 年，发达国家总人口仅是发展中国家总人口的 23%，而其累计碳排放量却是发展中国家的 11 倍。因此，在各国人口差异很大的情况下，仅探讨国家水平的总排放量将有悖于人人平等的原则。

本节以人均年碳排放量与人均累计碳排放量作为主要指标，分析全球及主要国家的碳排放历史责任。由图 2-5 和表 2-1 可以得出以下结论。

（1）第二次工业革命以来，全球人均累计排放 97t C/ 人，发达国家和发展中国家分别为 285t C/ 人和 25t C/ 人，前者是后者的 11.4 倍。1950 年以来，全球人均累计排放 65t C/ 人，发达国家是发展中国家的 8.4 倍（193t C/ 人 vs. 23t C/ 人）；若以 1990 年为起点，全球人均累计排放 25t C/ 人，发达国家为发展中国家的 5.5 倍（72t C/ 人 vs. 13t C/ 人）。

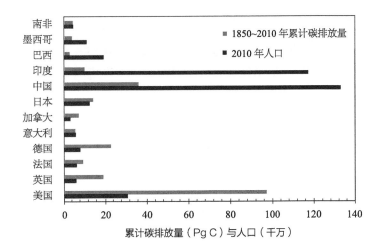

图 2-4 世界主要国家累计碳排放量与人口示意图

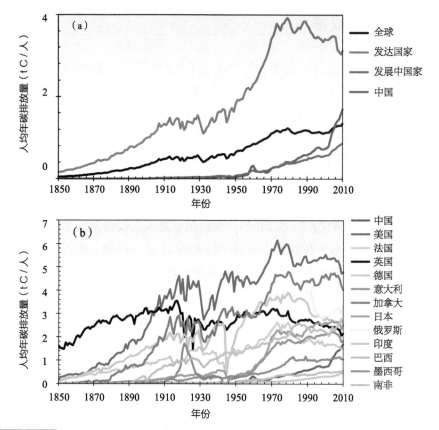

1850~2010 年人均年碳排放量历年变化
（a）全球、发达国家和发展中国家；（b）G8+5 国家（俄罗斯数据始于 1992 年）

（2）在三个不同时期，人均累计碳排放最多的国家依次是美国、英国和加拿大等发达国家，其值远远高于中国和印度等发展中国家。中国属于发展中国家中人均累计排放量较高的国家（1850~2010 年为发展中国家平均水平的 128%），但仍不到同期全球平均水平的 1/3，仅为发达国家的 1/11，美国的 1/22。

（3）1850 年以来，发达国家人均年碳排放迅速增加，特别是 1950 年第二次世界大战战后的 20 年：1970 年，人均年排放量高达 3.4 t C；而 20 世纪 80 年代后期呈明显下降趋势。美国、英国、德国等主要发达国家的人均年碳排放趋势与发达国家平均趋势基本一致。发展中国家 20 世纪 50 年代前人均年碳排放量基本为 0，此后才开始缓慢增长。其中，中国的人均年碳排放自 20 世纪 50 年代开始增加，但 1990 年以后增速加快，并超过发展中国家的平均水平。

图 2-6 显示，在三个时期中，美国与英国的人均累计碳排放量均远超中国、印度等发展中国家，占据了绝大部分的排放空间，而发展中国家所占有的仅仅是非常小的一部分。而这非常小的一部分，却要承载中国、印度、巴西等人口众多的国家的发展需求，以及一些经济落后地区，如非洲国家的生存需求。若按照公平公正的原则，所有国家享有对资源的均等支配权力，那么发达国家则侵占了远远高于本国人口比例的排放空间，独享所取得的累积财富，这是对发展中国家极大的不公平。从国家生存权利的角度来看，发达国家剥夺了发展中国家的发展权。

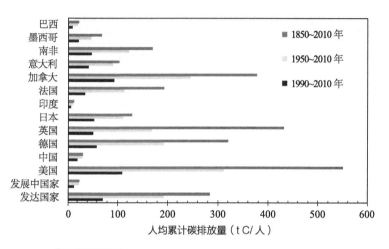

图 2-6　全球主要国家人均累计碳排放量不同时期变化

2.4　单位 GDP 碳排放量

经济增长通常是指一个国家或地区在一定时期内，由于生产要素投入的增加或效率的提高等原因，经济规模在数量上的扩大，即商品和劳务产出量的增加。其衡量指标包括国内生产总值（gross domestic product，GDP）、国民收入等总量指标（王中英和王礼茂，2006）。经济的发展以基础化工业为前提，离不开高耗能的钢铁、水泥等产品，以及制造业等高耗能产业（沈可挺和龚健健，2011）。而这些高耗能的产品和产业恰恰是产生大量碳排放的原因，本书选择GDP 为指标来探讨经济与碳排放的关系。

　　通过计算各国 CO_2 排放量与其 GDP 的比值，即生产单位 GDP 所产生的碳排放量，得到碳排放强度。它反映一个国家的能源结构和能源利用效率的综合情况，强调碳减排与经济发展的不可分离性（何建坤和刘滨，2004）。一般来说，发达国家的碳排放强度要低于发展中国家的水平，但不同国家由于其社会、经济、环境等不同，影响其碳排放强度的因素也不一样（张志强等，2011），因此，该指标大小与各国能源利用效率的高低并不一一对应。

　　一般来说，一个国家在其经济发展过程中，碳排放强度要经过先增加后降低的过程（图 2-7），符合环境库兹涅茨曲线（environmental Kuznets curve，EKC）。而拐点往往意味着经济结构从能源强度较高的重工业向能源强度较低的产业转变，产品结构附加值增加（Sun，1999）。根据各国的排放和 GDP 数据计算的结果，得到全球主要发达国家碳排放强度的变化情况（图 2-8）。具体来说，全球主要发达国家的碳排放强度具有以下特征（图 2-8，附表 1）。

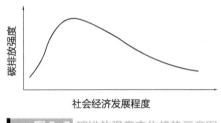

图 2-7 碳排放强度变化趋势示意图

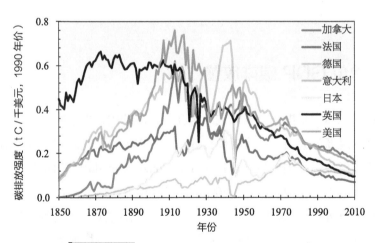

图 2-8 全球主要发达国家碳排放强度变化趋势

（1）由图2-8可见，典型发达国家碳排放强度的历史变化趋势基本呈钟形，不同国家峰值及出现的时间不同。其中，英国最先在1873年达到0.66t C/千美元的峰值，其次为美国和加拿大，在1913年达到最高，约为0.76t C/千美元和0.62t C/千美元，其他大多数发达国家在1910~1940年达到极大值。意大利一直维持着较小的排放强度，在20世纪70年代才出现峰值。

（2）发达国家碳排放强度的变化基本分为三类。①以英国为代表的老牌工业化国家，呈钟形左偏趋势。由于较早开始工业化进程，因此碳排放强度峰值出现时间较早，此后19世纪80年代至20世纪20年代，碳排放强度较为稳定，保持在0.6t C/千美元左右；20世纪20年代开始下降，至2008年降至0.1t C/千美元。②以美国为代表的新兴工业化国家，在第二次工业革命以来，呈现接近钟形趋势。随着工业化发展，在20世纪初（1910年）出现峰值，此后呈下降趋势。在20世纪50年代再次出现次峰值，此后持续下降。③第二次世界大战战败国家，如日本、意大利等国，在工业革命以来，碳排放强度持续上升。20世纪三四十年代，战争导致工业化进程减缓，排放量减少。战后工业发展迅速，持续增长至20世纪70年代。此后随着工业化的完成，逐渐下降至发达国家平均水平。

（3）中国碳排放强度变化如图2-9所示。与发达国家不同的是，我国碳排放强度的历史变化趋势为双峰曲线，分别在1960年和1978年达到峰值，且1960年高达0.47t C/千美元，为历史最高。从社会发展历程来看，该阶段属于计划经济条件下工业化的初步形成时期。导致碳排放强度不正常剧增的原因主要是1958年开始的"大炼钢铁"，"高消耗、高排放"。排除这一特殊原因，中国应为单峰曲线（图2-9虚线所示）。1978年改革开放以来，中国的碳排放强度呈下降趋势，单位GDP能耗降低。1980~2000年，中国的碳排放强度年均减小了近2%（图2-9），从20世纪80年代的0.31t C/千美元下降到2000年的0.21t C/千美元（图2-9）。

已有研究表明，经济结构多元化发展导致国家能源消费需求增长减缓，而能源消费结构的多元化发展则导致国家碳排放水平下降，两者演进最终促使国家经济发展完成从以高碳模式为主向以低碳模式为主的转变（张雷，2003）。随着世界上主要发达国家进入工业化晚期，其经济结构与能源消费结构均已多元化演变。因此，正如图2-8所示，发达国家的碳排放强度已经

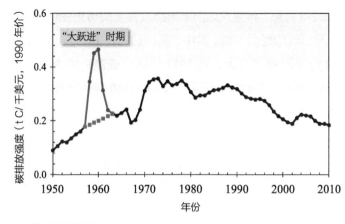

图 2-9 中国碳排放强度历史变化趋势
浅灰色曲线部分代表"大跃进"时期碳排放强度变化

度过了拐点，跨越了能源消耗的最高点，进入了持续降低的阶段，故而减排不会对其社会经济发展产生强烈影响。

发展中国家大部分仍然处于工业化进程的初期和中期阶段，经济发展波动性较大。碳排放需求持续增加，但距排放峰值尚有较大距离，仍需要较大的排放空间。如果强制减排，必定会严重影响其基础工业的发展，导致该国社会脱离经济发展的正常轨道，严重时甚至会影响国家的稳定。

我国是世界上人口最多的国家，社会发展负担重，且经济发展水平与发达国家存在较大的距离。因此，不能与发达国家相提并论。根据历史趋势，我国似乎已经度过了碳排放强度峰值，然而实际上，高耗能工业仍然是我国产业结构的主要组分，决定着国计民生。图 2-9 中，我国碳排放强度在 2003 年左右有所反弹，根据社会发展趋势，今后我国经济规模仍将进一步扩大，需要较多高耗能技术的重复利用，因此碳排放强度并不能随经济增长而线性递减（潘家华和蒋尉，2007）。

为了预测中国未来的碳排放强度变化，我们分析了美国、德国、英国、日本等发达国家的碳排放强度变化过程。结果发现，这些国家的碳排放强度均在达到峰值后，呈指数衰减趋势（图 2-8）（详见本书第 3 章）。

$$I_t = I_0 \times e^{-b(t-t_0)}$$

式中，I_t 为第 t 年碳排放强度，I_0 为基准年碳排放强度，b 为碳排放强度的衰减系数。

由图 2-8 可以看出，美国、德国、英国、日本等发达国家出现峰值的时间和峰值后碳排放强度的衰减速率不同。例如，美国、德国、英国、日本四国碳排放强度峰值的出现时间分别为 1913 年、1943 年、1873 年、1941 年；峰值后碳排放强度衰减的速率分别为 0.022、0.021、0.029、0.017。我们利用这一规律，并根据我国 1980~2000 年的碳排放强度变化趋势，结合我国未来GDP 的发展目标，对我国 2050 年前的碳排放进行了预测（详见第 6 章）。

2.5　国际贸易中的碳排放转移

随着全球化程度的加深，世界贸易增长也极为迅速。2000~2007 年，世界商品出口额的年增幅为 5.5%，而同期世界 GDP 的年增幅仅为 3%。虽然2008 年的金融危机导致其后几年世界贸易相对低迷，但在贸易过程中仍然不可避免地产生了碳排放的转移。其中，发展中国家由于其低廉的劳动力，以及受技术水平的限制，在世界产业链分工中处于资源和劳动密集型产业阶段，普遍具有贸易顺差。发展中国家为发达国家提供了大量资源，并生产了众多劳动力密集的商品，其国内的碳排放及环境污染问题也随之增加。而发达国家为了降低成本并履行减排承诺，也倾向于将高资源消耗、高污染、高排放的产业转移到发展中国家，以降低自身国内排放。在全球水平上，这样不仅不能遏制碳排放总量的增速，反而会大大增加发展中国家的碳排放和环境污染。因此，要实现全球减排，构建科学、合理的国际碳排放谈判体系，不仅要考虑生产导致的碳排放，还必须将消费产生的碳排放，或由国际贸易导致的碳排放，也纳入全球减排的行动框架之中。

大部分的发达国家是贸易净进口国，即碳排放的净输出国。2009 年经济合作与发展组织（Organization for Economic Co-operation and Development，OECD，简称经合组织）发布的报告显示（Nakano et al., 2009），20 世纪 90年代末，全球生产排放的 CO_2 增量为 8.6 亿 t CO_2，OECD 国家（共 35 个国家）仅占 1/3，然而其消费碳排放增量却占全球总量（15.50 亿 t CO_2）的一半以上。2000 年，OECD 中属于 G8 国家的法国、德国、意大利、日本、英国、美国等国家，消费碳排放超过生产碳排放的比例分别达到了 35%、

18%、30%、27%、37% 及 15%，说明以上多国在国际贸易中向其他国家转移了大量碳排放。世界主要国家 1995 年和 2000 年的生产碳排放和消费碳排放见表 2-3。

表 2-3　部分国家 1995 年和 2000 年生产碳排放及消费碳排放（单位：Mt CO_2）

国家	1995 年			2000 年		
	生产碳排放	消费碳排放	消费碳排放 − 生产碳排放	生产碳排放	消费碳排放	消费碳排放 − 生产碳排放
中国	2977	2477	−500	2935	2547	−387
俄罗斯	1589	1163	−426	1513	928	−586
加拿大	461	398	−64	531	492	−39
印度	699	649	−50	882	826	−56
南非	251	215	−36	299	243	−55
巴西	239	252	13	304	325	21
英国	533	623	89	526	722	196
意大利	413	511	98	427	554	127
德国	874	994	119	834	981	147
法国	358	515	158	380	514	134
日本	1098	1377	279	1159	1471	312
美国	5112	5489	377	5707	6564	857

2004 年，除俄罗斯以外的 G8 国家在进口和出口贸易中隐含的碳排放分别为 25.9 亿 t 和 13.6 亿 t，即有 12.3 亿 t 的碳盈余。这部分碳盈余分别有 53% 和 47% 来自金砖四国（俄罗斯、中国、巴西和印度）和世界其他国家及地区。考虑以上多国集团多边贸易，则 G8（除俄罗斯外）国家从碳泄漏中受益，而金砖四国和世界其他国家及地区则为此付出了一定代价（Chen and Chen，2010）。图 2-10 展示了主要国家由贸易导致的碳排放的净进口或净出口的情况。其中，1995 年和 2000 年中国由贸易净出口导致的碳排放的净进口量分别为 500Mt CO_2 和 387Mt CO_2，分别占当年我国生产碳排放的 17% 和 13%。若不考虑贸易效应，1995 年和 2000 年美国与中国生产碳排放的比值分别为 1.7 和 1.9，如果考虑贸易效应的比例，则上升到 2.2 和 2.6。

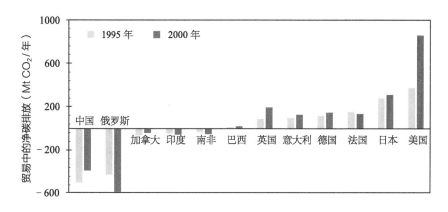

图2-10 1995 年和 2000 年部分国家贸易产生的碳排放（负值表示净进口）

已有研究表明，1987~2005 年，随着中国 GDP 和贸易的增长，中国出口贸易导致的碳排放也逐年增长，占总排放的比例由 1987 年的 11% 提高到 2005 年的 33%（Weber et al., 2008）。对中国境内生产导致的碳排放按照投资、政府支出、家庭消费和出口进行划分，得到图 2-11。图 2-11 表明，我国出口碳排放所占的比例逐年上升。图 2-12 显示了不同类别的出口产品所包含的碳排放及总出口碳排放的构成。由图 2-12 可以看出，2005 年的出口碳排放主要由电子产品（22%）、金属制品（13%）、纺织品（11%）和化学制品 / 塑料（10%）构成，并且随时间推移，高级产品的比例不断上升，初级产品的比例不断下降，约 60% 的碳消耗生产的产品输入至《京都议定书》附件 B 的发达国家，其中美国占 27%、欧盟 25 国占 19%，其他国家包括日本、澳大利亚和新西兰等。

2006 年，中国碳排放从生产转向消费的过程中，碳排放由 5.5 亿 t 变为 3.8 亿 t，同时，2000~2006 年的年增长率也由 12.5% 降低至 8.7%（陈迎等，2008；潘家华，2008）。图 2-13 表明，2001~2006 年中国生产碳排放和消费碳排放的差值越来越大，到 2006 年时，中国的净碳排放进口已经占到了生产排放的 30%，并有继续增大的趋势。

虽然由于数据或方法不同，得到的中国生产碳排放和消费碳排放以及贸易导致的碳排放净进口的数值大小有所不同，但图 2-13 所揭示的结果表明，中国碳排放相当大的一部分（2006 年高达 30%）是向发达国家提供大量的商品而导致的，并且这部分排放量占中国生产总排放的比例呈逐渐上升的趋势。

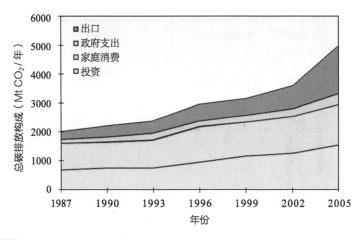

图 2-11 1987~2005 年中国生产导致的碳排放及其构成（Weber et al.，2008）

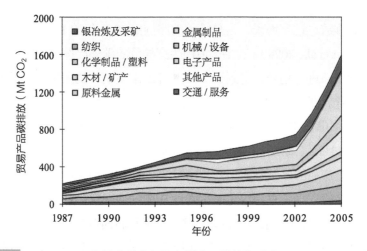

图 2-12 1987~2005 年按商品分组的中国出口排放构成（Weber et al.，2008）

然而，按照目前的《联合国气候变化框架公约》和《京都议定书》，每个国家（或具备签署公约并履行公约义务的国家联盟）仅对在其境内产生的 CO_2 负责，这是不公平的。考虑到发展中国家的实际情况，其境内产生的相当一部分碳排放，是通过国际贸易的方式为发达国家提供产品而产生的，不应全部归于发展中国家的排放量中。在 2007 年的巴厘岛《联合国气候变化框架公约》第十三次缔约方大会上，我国代表团正式对此提出了质疑，并得到了发展中国家的广泛支持。

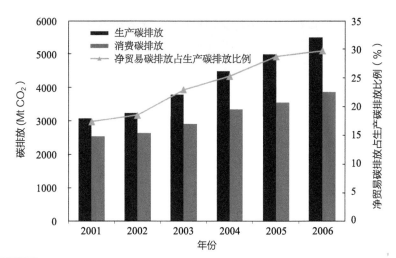

2001~2006 年中国生产碳排放与消费碳排放及净贸易碳排放占生产碳排放的比例（Pan et al., 2008）

2.6 世界及我国的碳排放形势

2.6.1 碳排放历史序列的变率分析

图 2-14 为全球、发达国家、发展中国家的碳排放量变率和人均碳排放量变率，其十年平均变率见附表 2。自 20 世纪初以来，发达国家碳排放量变率一直较高，1945~1975 年高于 0.05Pg C/ 年，最高可达 0.13Pg C/ 年。其碳排放积累非常迅速。发展中国家仅在 20 世纪 30 年代后有所增长，1980 年以后增速加快，尤其在 2000 年以后，平均可达到 0.03Pg C/ 年。

根据人均排放量的变化，1900~1935 年发达国家人均碳排放量变率呈减小趋势，而 1935~1970 年显著增加。1980 年后，发达国家人均排放波动性下降。发展中国家人均碳排放量变率 1930 年以前较为平稳，2000 年左右开始急剧增加。总体来说，发达国家的排放变率趋势与全球近似，而发展中国家呈缓慢增长趋势，其值远远低于发达国家。

全球碳排放量变率的变化趋势 1980 年以前与发达国家一致，之后与发展中国家一致，这表明世界碳排放趋势不同时期的驱动者不同。1980 年以前的世界碳排放主要由发达国家驱动，而 1980 年后主要由发展中国家驱动。

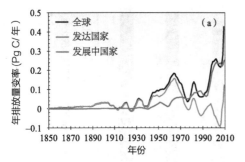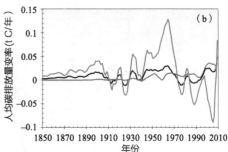

图 2-14 全球、发达国家、发展中国家的碳排放量变率和人均碳排放量变率
（a）历年排放量；（b）人均碳排放量

2.6.2 我国近 30 年的碳排放形势

根据我国碳排放量变率长时期分析（图 2-15，附表 3），其增加开始于 1930 年，在近 30 年开始飞快增长。通过对比我国总排放和人均碳排放的变率，可以看出二者趋势基本一致，近 30 年可分为两个阶段（图 2-16）：① 1980~1990 年，总排放量及人均排放量变率较为缓慢，变率分别在 0.03Pg C/ 年及 0.02t C / 年左右波动。② 1990~2010 年，总排放量及人均排放量变率在短暂的下降后开始迅速增加，在 2008 年分别达到峰值 0.17Pg C/ 年与 0.12t C/ 年。本时期的平均变率分别为 0.10Pg C/ 年和 0.07t C/ 年。

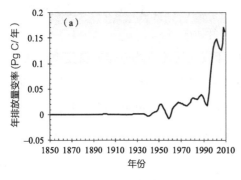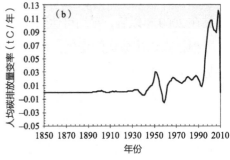

图 2-15 1850~2010 年中国碳排放量变率分析
（a）历年排放量；（b）人均碳排放量

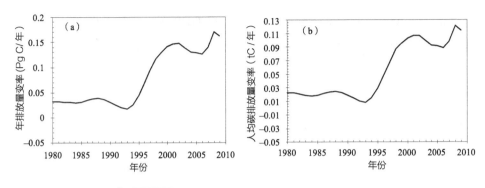

图 2-16 1980~2010 年中国碳排放量变率分析
（a）历年排放量；（b）人均碳排放量

以上分析表明，近 30 年来我国碳排放不论总量还是人均量均呈高速增加状态，2000 年后尤为显著，我国正逐渐丧失历史人均排放较低的优势。此外，我国以化石能源为主的能源结构依然持续（2010 年化石能源占总能源消费比例为 91.4%）（王中英和王礼茂，2006）。同时，不同省区市的碳排放量和碳排放强度差异巨大，一些省区市碳排放总量低但排放趋势不断恶化，碳排放的区域转移也比较明显（张雷，2003）。这些都会对我国未来的碳减排和可持续发展构成威胁，使我国在较长时期内面临严峻的减排形势。

1978 年我国实行改革开放以来，经济主要依赖资源、土地和劳动力等生产要素大规模投入的粗放型发展模式。煤是我国的主要能源。2007 年在全球一次性能源消费构成中煤炭仅占 26%，发达国家煤炭消费比例大多不超过20%，而在我国能源消费中，煤炭所占比例高达 68%（盛来运，2011）。我国在经济发展过程中"高碳"特征非常明显，尤其在 2000 年以后，随着工业化程度的进一步推进，碳排放及人均碳排放量突增，2002~2008 年年排放总量的平均增率为 10%。总量于 2006 年超过美国，2010 年占全球总排放量的24.7%，并逐渐丧失人均排放量低的优势。

此外，我国幅员辽阔、资源分布及技术发展不均衡，造成东南地区发展快于西北地区。例如，2009 年，珠江三角洲人均 GDP 达到 67 321 元，折合9855.2 美元，逼近 1 万美元大关，表明珠江三角洲已处于工业化后期，产业结构将进行调整。但是随着经济危机的冲击及对成本的考虑，东部企业开始向西部推进，西部地区发展后劲十足。2009 年，西部蓝皮书《中国西部经济发展报告（2009）》指出，近 10 年西部地区 GDP 年均增长率达 11.42%，高于全国水平 9.64%（姚慧琴等，2009）。在这种情况下，东部地区的迅速发展已经累积了大量的碳排放，而如果西部重循东部地区的发展路线，则会造成更多的碳排放，更何况西部地区的自然条件原本就劣于东部地区，快速的经济发展将对环境造成较大的压力。

国际方面，2007 年 12 月在联合国气候变化大会上确立的"巴厘路线图"要求发达国家于 2020 年前将温室气体排放量比 1990 年减少 25%~40%；2009 年 7 月在 G8 意大利峰会上，八国首脑和发展中国家提出 2050 年全球温室气体减排 50% 以上，发达国家减排 80% 以上。按照这个目标，2050 年发展中国家人均排放量仅为 0.29t C/ 人（1990 年为基准年），是 1990 年的 61%，或 0.40t C/ 人（2005 年为基准年），是 2005 年的 57.2%。如按占发展中国家的人口比例推算，中国在 2050 年的人均排放量分别为 0.44 t C/ 人和 0.57t C/ 人，分别是 1990 年的 76% 和 2005 年的 48%。另外，发达国家平均为 0.58t C/ 人和 0.57t C/ 人。

2009 年，我国宣布到 2020 年控制温室气体排放的行动目标：到 2020 年，我国单位 GDP 碳排放量将比 2005 年下降 40%~45%；并将其作为约束性指标纳入国民经济和社会发展中长期规划。2015 年，我国向联合国提交了《强化应对气候变化行动——中国国家自主贡献》文件（http://politics.people.com.cn/n/2015/0630/c70731-27233170.html），并提出我国碳排放在 2030 年左右达到峰值并争取尽早达峰；单位国内生产总值二氧化碳排放比 2005 年下降 60%~65%，非化石能源占一次能源消费比例达到 20% 左右，森林蓄积量比 2005 年增加 45 亿 m^3 左右等。

面对这些内外形势，我国既要有忧患意识和紧迫感，又要积极行动起来，与其他发展中国家一道，尽快促成系统的公平分解责任的方案，强烈要求发达国家严格履行其历史责任，争取自身的排放发展空间。与此同时，我国还应基于自身可持续发展的需要，主动寻求低碳发展道路。减排既是责任，也是自身需要。它可以由压力变为契机，帮助我国实现产业转型，促进经济新增长和环保事业的发展。

2.7　结语

1850 年以来，全球历史累计碳排放量为 363Pg C；发达国家历史累计排放量与人均累计排放量均远远高于发展中国家。1850~2010 年，前者是后者的 2.8 倍（271Pg C 和 97Pg C）和 11.4 倍（285t C 和 25t C）；1950~2010 年（第三次工业革命以来），分别是 2.3 倍（214Pg C 和 94Pg C）和 8.4 倍（193t C 和 23t C）；1990~2010 年（《联合国气候变化框架公约》签署以来），分别为 1.4 倍（88Pg C 和 63Pg C）和 5.5 倍（72t C 和 13t C）。这表明，尽管发展中国家与发达国家历史排放量的差距有缩小趋势，但发达国家的累计排放量远高于发展中国家，是大气 CO_2 浓度升高的主要贡献者。

在不同时期，我国历史累计排放量和人均累计排放量分别为 36Pg C 与 32t C/ 人（1850~2010 年）、36Pg C 与 31t C/ 人（1950~2010 年）、25Pg C 与 20t C/ 人（1990~2010 年）。自改革开放以来，我国经济快速发展，同时也导致碳排放总量和人均排放量均呈快速增加趋势，平均年增量分别为 0.05Pg C 和 0.04t C/ 人，这说明我国正在失去历史排放量和人均排放量低的优势。

目前，发达国家陆续提出强制发展中国家减排的全球性减排方案。面对碳减排的外部压力，我国一方面要与其他发展中国家一道，遵循《联合国气候变化框架公约》"共同但有区别的责任"原则，在科学分析碳排放历史责任的基础上，促成公平系统的减排责任分解方案，要求发达国家承担其历史责任。同时，还应基于自身可持续发展的需要，主动实施"节能减排增汇"战略，变压力为契机，推动我国的产业转型和可持续发展。

碳排放与
社会经济发展

3

王少鹏　朱江玲　岳　超　郑天立　方精云

进入 21 世纪，全球气候变化问题成为世界各国共同关注的焦点。政府间气候变化专门委员会（IPCC）认为，大气二氧化碳浓度增加是全球气候变化的主要原因，而化石能源消耗产生的碳排放是大气二氧化碳浓度增加的最主要因素。碳排放问题成为国际舆论的焦点，而减排也因此成为全球气候变化谈判的核心所在。目前，国际气候谈判最关注的问题是"减排"，究其根本，在于碳排放与社会发展息息相关。

因此，气候变化不仅仅是自然环境问题，更是社会经济问题，归根到底是国家发展的问题。气候谈判要公平公正，不能以剥夺社会发展为代价。对于发展中国家来说，碳排放权在某种程度上就是发展权。因此，考察碳排放与社会发展各因素的关系，对于厘清排放与发展的关系、制定合理的减排政策、维护自身在国际谈判中的国家利益有重要意义。

我们选取工业化程度、城市化水平、就业率及人均 GDP 作为社会经济发展的特征指标，分析碳排放与社会发展之间的一般规律。人均 GDP 代表了一个国家的社会财富和国民的平均富裕程度，它是社会长期发展的结果；工业化程度反映了社会发展阶段和基础设施建设情况；城市化水平是财富积累和社会发展的重要指标；就业率是一个国家稳定和发展的重要指标，能够反映国民经济的发展及衰退。它们作为社会财富、基础设施建设、物质文明的量度，与化石燃料资源的使用有着密切的关系。本章将从工业化程度、城市化水平、就业率及人均 GDP 等方面来阐述社会发展与人均累计碳排放量的关系。

3.1 人均累计碳排放量与工业化程度

由化石燃料燃烧而产生的二氧化碳排放伴随着人类社会工业化而产生，与工业化程度紧密相关。工业化是一国实现现代化的必由之路，其发展过程体现了对物质资源以及能源，尤其是化石能源的占有和消耗（宋洪远和赵海，2012）。工业化程度较高的一个表现是国民收入中工业产值占比提高，或工业从业人员增加（郭克落，2000）。这里，我们采用工业产值占 GDP 的百分比作为一国工业化程度的衡量指标，考察工业发展与碳排放的关系。

图 3-1 显示了 1950 年以来，伴随着人均碳排放的累积，世界主要国家工

业产值占 GDP 比例的变化。综合来看，随着人均碳排放的累积，工业产值占 GDP 的比例先增加后降低。这一规律体现了工业化程度的普遍特点：工业化建设初期，重工业的兴起使工业产值占 GDP 比例不断增加，由此引起大量碳排放；当碳排放累积到一定程度，工业化基本完成，此后经济结构开始转型，第三产业等能源依赖较低的产业兴起并快速发展，工业产值的比例逐渐下降。

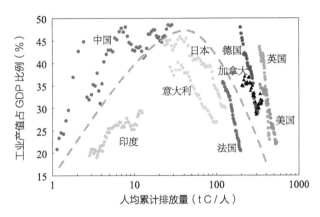

图 3-1　1950 年以后，世界主要国家的工业产值占 GDP 比例与人均累计排放量的关系
工业产值占 GDP 比例（工业化指数）数据来自联合国网站（http://data.un.org/）。横轴为对数坐标

3.2　人均累计碳排放量与城市化水平

城市是人类文明的标志，是人类经济、政治和社会生活的中心。城市化水平是衡量一个国家和地区经济、社会、文化、科技水平的重要指标。城市的居住、生产、消费空间密集程度显著高于农村，便于以较低成本提供居民生活所必需的公路、学校、医院以及其他娱乐、精神活动设施等基础设施（陈明星等，2009）。与此同时，现代城市的存续强烈地依赖能源消耗，城市居民生活的各个方面都离不开能源（樊杰和李平星，2011）。因此，在以化石燃料为主要能源的能源结构下，城市化进程必然引起大量的碳排放。本节考察城市化水平与碳排放的关系，这里采用城市人口占总人口的比例作为城市化指标。

图 3-2a 显示，伴随着人均累计碳排放量的增加，全球、发达国家和发展中国家的城市化水平均不断提高。1950~2005 年，全球、发达国家、发展中国家的城市人口比例分别增加了 20%、20% 和 25%，人均累计碳排放同期增加了 57t C/ 人、158t C/ 人、19t C/ 人。2005 年，发展中国家的城市化水平达到 43%，而人均累计碳排放仅为 21t C/ 人，远低于全球达到相同城市化水平时的人均累计排放量（72t C/ 人），更低于发达国家。从某种意义上讲，发展中国家正在走低碳城市化道路。

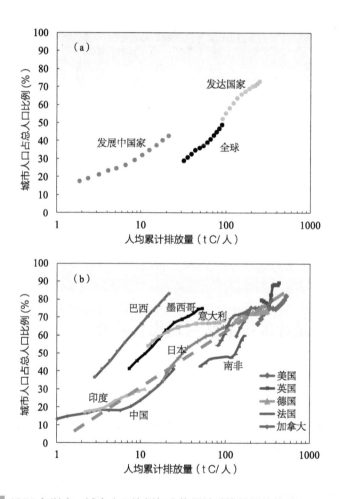

图 3-2　1950 年以来，城市人口比例与人均累计碳排放量的关系
（a）全球、发达国家、发展中国家；（b）G7+5 国家。人口数据来自联合国网站（http://esa.un.org/unup/）。横轴为对数坐标

在国家层面上，尽管存在较大的国别差异，但所有国家均表现出一致的趋势，即城市化水平的提高伴随着人均碳排放不断累积（图 3-2b）。平均来看，城市化水平的提高与人均累计排放量的对数大致呈线性关系。英国、美国、德国、法国、加拿大处在回归线的右上端，城市化水平和人均累计排放量均较高；中国和印度在回归线的左下端，城市化水平和人均累计排放量均较低。巴西、墨西哥、意大利位于回归线以上，表现出相对低碳的城市化进程。而南非在回归线以下，表明城市化进程引起了高于平均水平的碳排放。

在今后很长一段时期内，能源供应仍将主要依赖化石能源（江泽民，2008），因此城市化进程将继续引起大量碳排放。面对着远高于发达国家的人口、资源等压力，发展中国家为了生存和发展，必须进一步推进城市化进程，因此需要一定的碳排放空间。尽管与发达国家城市化的发展路径相比，发展中国家可以走相对"低碳"的发展道路，但强制减排必将对其城市化进程产生限制。

3.3　人均累计碳排放量与就业率

就业率是一个国家稳定和发展的重要指标。我国是世界上劳动力人口最多的国家，保持较高的就业率十分重要。各国对于就业率统计的标准略有偏差，我们采用更客观的就业人口百分比（即就业人口占总人口的比例）来代表就业状况，考察其与碳排放的关系。

图 3-3 显示，各国基本存在较为一致的趋势，即随着某国的人均累计碳排放量的增加，其就业人口占总人口的百分比也呈整体增加趋势。美国、加拿大、英国、德国等国家就业率随人均累计碳排放量的增长而快速增加；日本、法国、墨西哥等国家就业率随人均累计碳排放量的增长而缓慢增加；中国和巴西以较低的人均累计碳排放量，实现了较高的就业率。

改革开放以来，我国经济保持了长期而平稳的高增长态势，但就业效应并没有预期的增长变化。尤其是 20 世纪 90 年代以后，人均累计碳排放量的增加不能带来明显的就业率增加，我国进入了就业弹性系数疲软期，存在明显的经济高增长但就业率增长不快的严峻形势（杨哲和霍金平，2008）。就业率的高低一般受资本存量、职工工资和技术进步这三大因素的影响。对于我国来说，

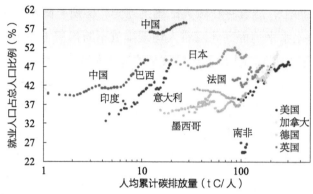

图3-3 1950 年以来，全球主要国家就业人口比例与人均累计碳排放量的关系
横轴为对数坐标

这三者都不具备与发达国家相比较的优势。随着我国产业从劳动密集型转向资本技术密集型，如何维持较高的就业率是一个重要问题。为应对这一形势，除了继续保持经济平稳发展外，还要合理调整优化产业结构，加快发展第三产业，鼓励引领多种经济形式的存在和健康培育，以增加就业率。

3.4 碳排放与 GDP

GDP 是衡量一个国家经济发展综合水平的通用指标，人均 GDP 直接体现了国民的富裕程度。由于社会财富是在生产过程中不断积累起来的，因此 GDP 增长过程中不可避免地伴随大量的能源消耗和碳排放。关于碳排放与 GDP 的关系，已有很多研究。尽管碳排放对 GDP 增长的驱动作用已被大量研究所证实（Tucker，1995；Heil and Wodon，1997；Heil and Selden，2001；Padilla and Serrano，2006；丁仲礼等，2009a，2009b），但仍存在着一些争论（Ozturk，2010）。此外，关于减排对 GDP 的影响程度也存在争论。引起广泛关注的《斯坦恩报告》声称，人类将 2050 年温室气体浓度控制在 500~550ppmv 二氧化碳当量的减排成本仅为全球 GDP 的 1% 左右（Stern，2007），但很多学者认为斯坦恩的估计过于乐观（Helm，2008；Mendelsohn，2008；Sterner and Persson，2008）。本节利用世界各国 1969~2008 年的 GDP 数据，分别对人均累计碳排放量与人均 GDP、人均排放量与人均 GDP 的关系进行了分析。

3.4.1 人均累计碳排放量与人均 GDP

图 3-4、附表 4 与附表 5 显示了全球、发达国家、发展中国家和 G8+5 国家（俄罗斯除外）2010 年人均 GDP 与 1850~2008 年人均累计碳排放量的关系。总体上，人均累计碳排放量与现时人均 GDP 呈很好的正相关关系，即人均累计碳排放量越高，现时人均 GDP 越高。需要注意的是，不同发达国家在人均累计碳排放量上有较大差异，不同发展中国家则在人均 GDP 上有较大差异。这都源于不同国家的发展历程和发展阶段，以及人口和社会制度等社会因素的差异。为了去除这些因素的混淆，下面从时间序列上对全球平均、发达国家平均和发展中国家平均的人均累计碳排放量与人均 GDP 的关系做进一步分析。

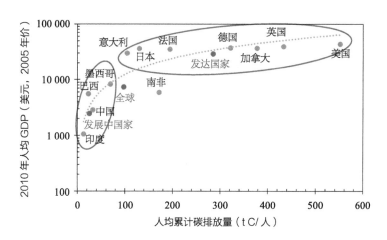

图 3-4 全球、发达国家和发展中国家以及 G8+5 国家（俄罗斯除外）2010 年人均 GDP 与人均累计碳排放量的关系
GDP 数据来自世界银行（http://data.worldbank.org/country/）。纵轴为对数坐标

利用 1960~2008 年有效的人均 GDP 数据，将全球划分为发达国家和发展中国家及全球，对人均 GDP 与人均累计碳排放量的关系进行分析（图 3-5）。由图 3-5 可见，随着人均碳排放量的累积，全球、发达国家、发展中国家的人均 GDP 均稳步增长，且可以用一个统一的函数关系 [公式（3-1）] 拟合，即

$$y = 0.152x^2 + 64x + 477 \qquad (3\text{-}1)$$

式中，y 为自 1960 年以来某年的人均 GDP；x 为自 1850 年起载至该年的人均

碳排放累计值。公式（3-1）表达了在经济自然增长情形下，人均碳排放增加对人均 GDP 增长的驱动作用，即社会财富随碳排放增加而增加的积累过程。二次项表明二者关系是非线性的，人均累计碳排放量越高，相等的碳排放增量能够产生的人均 GDP 增量越大。具体地，在当前阶段，人均累计碳排放每增加 1t，全球、发达国家、发展中国家人均 GDP 的年增加值分别约为 90 美元、140 美元和 70 美元。也就是说，在发达国家和发展中国家的当前阶段，等量的碳排放对推进 GDP 增长所起的作用是不同的，前者是后者的 2 倍。但从相对增率来看，人均累计碳排放每增加 1t，全球、发达国家和发展中国家人均 GDP 相对增长速率分别为 1.2%、0.5% 和 3%。这意味着，等量的碳排放增加对发展中国家有更大的边际效益（Tucker，1995；Pan，2008），因此削减碳排放对发展中国家人民生活水平提高的不利影响更大。

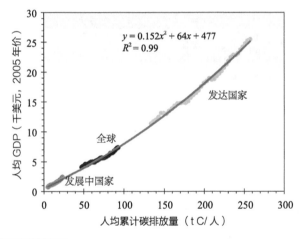

图 3-5 1960~2008 年全球、发达国家、发展中国家的
人均 GDP 增长与人均累计碳排放量的关系

根据公式（3-1），人均 GDP 可由人均累计碳排放量预测得出。因此，通过计算 1850~2005 年不同时期内全球、发达国家和发展中国家的人均累计碳排放量，可对工业革命以来由碳排放所驱动的人均 GDP 增长情况进行估算。此外，方精云等（2009）对 G8 意大利峰会全球减排目标做了分析，对不同情景下 2006~2050 年全球人均碳排放路径做了预测（详见第 5 章）。基于该预测结果，本研究估算了 G8 目标下未来几十年的人均 GDP 增长情况（表 3-1）。

表3-1 根据公式（3-1）推算的，不同时期全球、发达国家和发展中国家人均GDP
（2005年价）

年份	G8情景	全球	发达国家	发展中国家
1900	—	952	2 057	480
1950	—	2 656	7 484	599
2005	—	7 354	25 698	1 895
2050	情景A	10 606	37 911	3 624
	情景B	12 174	37 911	5 102
	情景C	12 595	37 911	5 506
	情景D	12 055	37 911	4 987

注：情景A、B、C、D见方精云等（2009），详情见第5章

结果表明，工业革命以来的150年间，随着人均累计碳排放的增加，发达国家的人均GDP增加了25 000美元，而发展中国家仅增加了1400美元，前者为后者的18倍。发展中国家人均GDP增加主要从1950年以后开始，2005年达到1895美元，尚不及发达国家1900年水平。这表明发展中国家的经济发展比发达国家至少滞后了100年。但是，凭借全球现已达到的科技水平和物质基础，发展中国家今后40年的经济增长速度本应远高于发达国家历史上相同发展阶段。然而在G8目标下，2050年发展中国家的人均GDP仅为3624~5506美元，远低于发达国家1950年的水平（7484美元）。这意味着G8减排目标将极大地阻碍发展中国家的经济发展，使其与发达国家的"百年之差"进一步扩大。

3.4.2 人均碳排放量与人均GDP

上文（3.4.1节）基于人均累计碳排放量，从发展角度对碳排放与GDP的关系做了阐述。本节则对现时人均排放量与人均GDP的关系进行研究。已有很多学者（Moomaw and Unruh，1997；Ackerman et al.，2007；Raupach et al.，2007）对人均GDP与人均排放量的关系做了研究，但得出了不同的结论，如单峰Kuznets关系、正相关关系或负相关关系等。本节将说明二者的关系是如何由碳排放强度的变化方式直接决定的。这里，碳排放强度定义为单位GDP的碳排放量，其倒数可以看成是由碳排放表征的生产活动到GDP的转换系数。

由 GDP 表示某年的国民生产总值，E_m 表示该年的化石燃料总排放量，P 表示该年人口，则有恒等式：

$$\frac{GDP}{P} = \frac{GDP}{E_m} \times \frac{E_m}{P} = \frac{1}{E_m/GDP} \times \frac{E_m}{P} \qquad (3-2)$$

用 G_P、E_P、E_G 分别表示人均 GDP、人均排放量、碳排放强度。则恒等式（3-2）为

$$G_P = \frac{E_P}{E_G} \qquad (3-3)$$

一些学者将以上恒等式表示成以碳排放量（E_m 或 E_P）为因变量的形式，用于研究碳排放驱动因子（Fan and Lei，2015），即所谓的 Kaya 恒等式。这里写成以碳排放量（E_m）为自变量的形式，是为了方便后面考察减排对 GDP 增长的影响。GDP- 碳排放恒等式表明了经济增长与碳排放的关系如何直接依赖于碳排放强度的变化过程。表面来看，该恒等式没有提供任何新的信息，因为对任意两个变量都可以建立类似的恒等式。但事实上，该恒等式为我们思考碳排放及减排问题提供了一些新视角。

首先，GDP 与碳排放的关系是由碳排放强度的变化直接决定的。碳排放强度像是"投入－产出"过程的中间黑箱，它是投入（碳排放量）到产出（GDP）的转换系数。第 2 章分析表明，由于在一个国家的工业化进程的开始阶段，耗碳行业特别是重工业将会加速发展，引起碳排放强度的大幅增加；而在工业化完成之后，随着第三产业兴起，经济发展向轻工业、第三产业转移，重工业比例开始稳定或下降，因此碳排放强度下降。此外，在工业化进程中，技术进步以及市场化引起的能源结构调整和能源效率提高，也促进了碳排放强度的降低。因此一般碳排放强度会呈现先增加后降低的倒"U"形单峰曲线。相应地，人均 GDP 与人均排放量的关系呈倒"U"形，即很多研究发现的碳排放与 GDP 之间的 Kuznets 曲线关系。

其次，恒等式（3-2）有助于我们理解为什么等量的碳排放在不同的国家或地区的 GDP 产出存在较大差异。由图 3-6 可以看出，当前阶段发展中国家的碳排放强度为 0.35t C/ 千美元，是全球平均水平的 2 倍左右，发达国家的 3 倍左右。中国、印度、南非的碳排放强度最高，在 0.5t C/ 千美元左右，是日本和欧洲国家的 7~12 倍。根据恒等式（3-2），同样排出 1t C，发展中国家的 GDP 产出仅为全球平均水平的 1/2，为发达国家的 1/3。中国、印度、南非

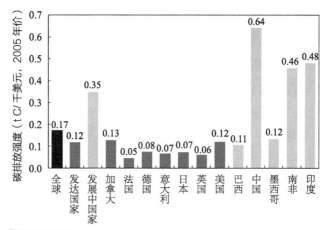

图 3-6 图 3-6 全球及主要国家 2000~2010 年平均碳排放强度

排出 1t C，其 GDP 产出仅为发达国家的 10% 左右。

最后，该恒等式（3-3）暗示了减排将对 GDP 增长的可能影响。在自然条件下，G_P、E_P、E_G 分别对应着一国经济的不同侧面，即总产值、生产投入、"投入产出系数"。三者在经济发展过程中稳定地协同变化，很难界定严格的因果关系。虽然碳排放强度是由另外二者（碳排放和人口）导出的，但它实际上反映了一国的产业结构、能源结构、能源利用效率等基本因素，因而相对稳定，短时期内不会有大的变动。同样地，碳排放和 GDP 作为一国经济体投入和产出的表征指标，通常也是稳定的。然而，在强制减排下投入量 E_P 受到人为干预，如果经济结构、能源技术等难以伴随减排而快速地调整和提高，即碳排放强度仍保持稳定，则将很可能导致 GDP 下降。

下面，我们从恒等式（3-3）出发，考虑 GDP 变化的影响因素。以上标表示年份，如 E_G^t 表示第 t 年的碳排放强度。假定碳排放强度：$E_G^{t+1} = E_G^t \cdot r^t$（$r^t$ 表示增率），则根据恒等式（3-3）可得人均 GDP 的年增长函数为

$$
\begin{aligned}
\Delta G_P^{t+1} = G_P^{t+1} - G_P^t &= \frac{E_P^{t+1}}{E_G^{t+1}} - \frac{E_P^t}{E_G^t} = \frac{E_P^t + \Delta E_P^{t+1}}{E_G^t \cdot r^t} - \frac{E_P^t}{E_G^t} \\
&= \frac{\dfrac{E_P^t + \Delta E_P^{t+1}}{r^t} - E_P^t}{E_G^t} = G_P^t \cdot \left(\frac{1}{r^t} - 1\right) + \frac{\Delta E_P^{t+1}}{E_G^t \cdot r^t}
\end{aligned} \qquad (3\text{-}4)
$$

式中，$\Delta E_\mathrm{P}^{t+1}$ 表示人均排放量的年变化量。恒等式（3-4）表明，人均 GDP 的增长可以分解为两个方面：一是人均排放量不变时，碳排放强度变化对人均 GDP 变化的贡献量 [恒等式（3-4）的第一部分]。若 $r^t < 1$，即碳排放强度下降，则贡献量为正；否则为负。二是在碳排放强度不变时，人均碳排放量增长对人均 GDP 增长的贡献量 [恒等式（3-4）的第二部分]。公式的这两部分分别代表了经济结构调整——技术进步和增加生产投入对 GDP 增长的贡献。本章称为技术贡献和投入贡献。

本节通过考察 1970 年以来各主要国家和地区的碳排放强度变化，对近几十年 GDP 增长的技术贡献进行研究。从图 3-7a 看出，全球及发达国家碳排放强度在 1970 年以后平稳下降，除俄罗斯以外的 G8 国家均如此，这与第 2 章长时间序列的结果一致。进一步研究发现，发达国家的碳排放强度变化均服从指数衰减，这在对数坐标下表现为直线下降。建立如下模型：

$$E_\mathrm{G}^t = E_{\mathrm{G}_0} \cdot \mathrm{e}^{-b(t-t_0)} \qquad\qquad (3\text{-}5)$$

式中，E_G^t 表示第 t 年的碳排放强度；t_0 表示基准年；E_{G_0} 表示基准年碳排放强度；b 表示衰减指数。通过拟合碳排放强度的衰减指数 b，可以计算出碳排放强度的年衰减率：$1 - \mathrm{e}^{-b}$。这里，由于数据的原因，基准年均设置为 1970 年。从表 3-2 的拟合结果可以看出，全球、发达国家及 G8 国家（俄罗斯除外）的碳排放强度在 1970 年以后有明显的指数衰减趋势。全球平均的碳排放强度年衰减率为 1.2%，这表明全球总体的经济结构、技术水平在优化提高，生产单位 GDP 的耗碳量稳定降低。发达国家的年衰减率为 2.4%，高于全球平均水平。其中，法国、德国、英国的年衰减率较高，为 2.7%~2.9%；美国年衰减率与发达国家平均水平较接近，为 2.2%；加拿大、意大利、日本的年衰减率则较低，为 1.2%~1.8%。

然而，发展中国家 1970 年以后的碳排放强度变化没有呈现出指数衰减趋势，甚至有部分年份呈现上升趋势（图 3-7b）。其中，中国的碳排放强度在改革开放以后，呈明显的指数衰减，年均衰减速率为 3.9%（表 3-2）。除中国以外，印度、南非、墨西哥均先上升后略微下降，巴西先下降后上升。四国均在 1989 年后才呈现出较为缓慢的下降趋势。

这表明，过去 40 年中，经济结构调整、技术进步对发达国家的 GDP 增长有较大贡献，但对发展中国家的贡献不大，甚至为负。这是因为发展中国

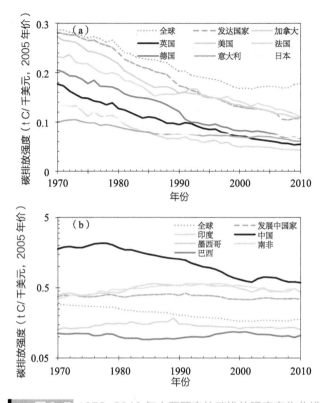

图 3-7 1970~2010 年主要国家的碳排放强度变化曲线
（a）全球及发达国家；（b）全球及发展中国家

家仍处于工业化建设阶段，经济增长更多地依赖产业建设及增加投入。

　　下文我们根据碳排放强度大小及其历史变化定量分析技术贡献与投入贡献的大小（表 3-2）。根据恒等式（3-4）的第一部分，碳排放强度的稳定下降将促进 GDP 增长。同时，在碳排放强度的指数衰减关系下，恒等式（3-4）中的 r' 为恒定值。我们计算了在当前（2010 年）的人均 GDP 和碳排放强度水平下，全球、发达国家、发展中国家及 G8+5 国家（俄罗斯除外）的碳排放强度下降能够引起的人均 GDP 增量，即"技术贡献"。另外，根据公式（3-4）第二部分，我们计算了人均排放量每增加 0.1t C 所能引起的人均 GDP 增量，即"投入贡献"。

　　从技术贡献来看，全球平均的技术贡献为每年 113 美元，发达国家平均为 711 美元。其中，法国、英国、德国和美国较高，均大于 1000 美元；加拿大和日本次之，分别为 630 美元和 699 美元；意大利最小，仅为 363 美元。

表3-2 对碳排放强度的指数衰减拟合

	2010年现状			指数衰减参数					人均GDP增量（人均增排0.1tC）（美元）	
	人均GDP（美元）	人均排放量（tC/人）	碳排放强度（tC/千美元）	基准年	基准年碳排放强度（E_G, tC/千美元）	b	年衰减率（%）	R^2	技术贡献（第一项）	投入贡献（第二项）
全球	7 473	1.35	0.18	1970	0.29	0.015	1.2	0.94	113	593
发达国家	29 253	3.12	0.11	1970	0.28	0.024	2.4	0.98	711	867
发展中国家	2 472	0.88	0.35	1991	0.42	0.013	1.0	0.24	32	292
加拿大	36 732	4.03	0.11	1970	0.23	0.017	1.8	0.95	630	792
法国	35 260	1.52	0.04	1970	0.13	-0.03	2.7	0.97	1 074	2 188
德国	37 206	2.49	0.07	1970	0.21	0.029	2.7	0.98	1 095	1 364
意大利	30 042	1.82	0.06	1970	0.1	0.012	1.2	0.92	363	1 512
日本	36 436	2.5	0.07	1970	0.13	0.019	1.6	0.8	699	1 390
英国	39 736	2.16	0.05	1970	0.18	0.031	2.9	0.99	1 251	1 680
美国	43 961	4.79	0.11	1970	0.27	0.023	2.2	0.98	1 023	845
巴西	5 600	0.58	0.1	1999	0.12	0.018	0.1	0.83	102	947
中国	2 886	1.7	0.59	1978	2.14	0.045	3.9	0.95	133	163
印度	1 060	0.47	0.44	1992	0.57	0.013	1.4	0.84	14	211
墨西哥	8 356	1.06	0.13	1989	0.18	-0.02	1.7	0.48	169	764
南非	5 901	2.56	0.43	1994	0.57	0.019	1.5	0.61	-111	214

注：b 为指数衰减（瞬时）速率；年衰减率通过计算 $1 - e^b$ 得到；R^2 表示指数衰减关系的拟合优度。人均 GDP 增量通过恒等式（3-4）计算得出，分技术贡献和投入贡献两部分。

发展中国家中，墨西哥的技术贡献最高，为 169 美元；中国的碳排放强度下降速率虽快，但由于现时人均 GDP 较低，技术贡献量仅为 133 美元；巴西碳排放强度年衰减率很低，仅为 0.1%，其技术贡献为 102 美元；印度和南非的碳排放强度进入衰减阶段的年份较短，其中印度为 14 美元，而南非的技术贡献为 –111 美元，说明该国的经济增长主要依靠粗放型的采矿业与制造业，需要付出经济代价才能改进产业结构，发展技术。

从投入贡献来看，人均碳排放量每增加 0.1t C，全球人均 GDP 增加 593 美元。发达国家和发展中国家分别为 867 美元和 292 美元,前者约是后者的3倍。法国和英国较高，分别为 2188 美元和 1680 美元；意大利、日本和德国次之，为 1364~1512 美元；加拿大和美国较低，不足 900 美元。发展中国家中，巴西和墨西哥由于碳排放强度较低，有较高的投入贡献，分别为 947 美元和 764 美元；南非和印度均在 200 美元以上；中国由于碳排放强度较高，人均 GDP 增量仅为 163 美元，不足法国和英国的 1/10。

3.4.3 碳减排与 GDP 增长

本节分析了人均累计排放量和现时人均排放量与人均 GDP 的关系。前者立足发展角度，得出结论：在自然经济增长下，人均 GDP 随人均碳排放的累积呈非线性增加趋势，且累计量越大，GDP 增长越快。后一分析则表明，碳排放强度的变化直接决定了碳排放与 GDP 的关系。碳排放强度越小，单位排放量创造的 GDP 越高。碳排放强度的降低，将产生技术贡献，促进 GDP 增长。这一结论对前一分析的非线性关系做出了一种解释。碳排放的积累，意味着工业化程度的不断加强。在一定程度后，其继续积累则意味着技术水平的不断提升，并表现为碳排放强度的稳定下降。因此，人均累计排放量越高，往往意味着其碳排放强度越低，即相同排放量能够创造更高的 GDP。

现阶段，发达国家碳排放强度仅为发展中国家的 31%，且处于稳定下降阶段。但是发展中国家仍处在工业化建设阶段，许多国家的碳排放强度还未达到峰值，仍在上升或波动中。因此，在气候变化的大背景下，发达国家和发展中国家应采取不同的 GDP 增长方式。对发达国家来说，其未来的碳排放强度仍将一直处于衰减状态。根据恒等式（3-3），碳排放强度衰减对 GDP

产生"技术贡献",因而可以抵消减排的部分损失。例如,在美国,碳排放强度衰减的"技术贡献"大于人均减排 0.1t C 的损失。而在不考虑人口变动情况下,每年减排 0.1t C/ 人正好对应着奥巴马提出的 2050 年减排 83% 的目标。这就是说,即使从现在开始均匀减排至 2050 年并实现减排 83% 的目标,美国也仍能保证人均 GDP 年增长 178 美元(表 3-2)。进一步说,只要美国加快能源结构调整步伐和技术水平的提高,其碳排放强度下降速率会更快,从而创造更多的"技术贡献",以保证其人均 GDP 增长。因此,发达国家有能力进行适度减排。

然而,发展中国家的碳排放强度还没有达到峰值,其经济结构和技术水平还难以稳定地降低碳排放强度。而在碳排放强度保持稳定或上升的情况下,GDP 增长在很大程度上依赖于碳排放量的增加。因此,对发展中国家来说,排放权就是发展权。人均排放量的增加,是保证发展中国家人均 GDP 增长的必然需求,强制减排必将限制发展中国家的经济增长。在全球减排的要求下,切实可行的办法是发达国家通过技术转移和资金支持等手段帮助发展中国家提高能源利用效率、降低碳排放强度,使发展中国家利用等量的碳排放创造出更多的 GDP。这将改变恒等式(3-1)所隐含的自然相关关系,使发展中国家的经济增长对于碳排放量增加的依赖更少,从而在很大程度上降低减排给发展中国家带来的经济损失。从发展中国家来看,技术支持不仅能够减轻其国际减排压力,还可以促进其能源和产业结构调整,对其经济发展起到根本的推动作用,因此在气候谈判中应该积极争取。

事实上,目前发展中国家的碳排放强度水平较高,虽然未达到峰值,但仍有可以尝试减排的空间(图 3-6)。中国作为最大的发展中国家,已经自主开展了降低碳排放强度的政策活动。改革开放 30 余年以来,我国碳排放强度降低了 70%。2009 年 11 月,中国政府向世界承诺,中国 2020 年单位国内生产总值二氧化碳排放将比 2005 年下降 40%~45%;2015 年 6 月 30 日,中国向联合国提交了《强化应对气候变化行动——中国国家自主贡献》文件,并承诺到 2030 年,中国单位国内生产总值二氧化碳排放比 2005 年下降 60%~65%。这充分体现了中国面对气候变化问题的诚意和决心。发达国家经济发达且对历史碳排放有着不可推卸的责任,应对中国给予肯定并提供技术和资金支持。

3.5 结语

综上所述,化石燃料的消耗与工业化程度、城市化水平、就业率及人均 GDP 之间有着显著的正相关关系,化石燃料燃烧导致的碳排放是社会经济发展的直接测度。可以说,碳排放是发展的必然产物,也是发展的必然前提。因此,在现阶段,减少碳排放将影响发展中国家的社会经济发展。

在现阶段,发展经济、减少贫困依然是发展中国家的第一要务,因此,不可避免地要使用相当多的化石燃料。在这种情况下,如何平衡好社会发展与碳排放之间的关系是推进我国持续、健康发展的关键。此外,应积极争取发达国家的资金和技术支持,特别是技术支持,从而在一定程度上减少碳排放,并实现经济结构的转型和进一步发展。

全球碳平衡与
贡献排放量

方精云　王少鹏　岳　超　朱江玲　唐志尧

4

碳排放问题源于人类活动向大气中排放了大量的 CO_2，引起温室效应。本章在全球碳收支的框架下，对该问题的理论背景进行探讨。

全球碳平衡（global carbon balance）或全球碳循环（global carbon cycle）是从事全球尺度碳减排活动和碳管理实践的基本原理，也是开展以碳减排为主要目的的气候变化谈判的科学基础。它指碳元素在地球表层各圈层的积累和流动的过程，是地球上最主要的生物地球化学循环，支配着地表系统中其他的物质循环。碳循环过程深刻影响着人类的生存环境，是地球系统和气候系统健康与否的重要标志（Schlesinger，1997）。

除化石燃料消费外，土地利用变化也是重要的人为 CO_2 排放源。人为排放的 CO_2 一部分被海洋吸收，一部分被陆地生态系统吸收，还有一部分留在大气。留在大气中的这部分对包括全球变暖在内的一系列全球变化具有直接贡献。我们将未被海洋和陆地生态系统吸收的 CO_2 排放量称为"贡献排放量"（contributed emission to increased atmospheric CO_2，CEIC）。贡献排放量从对全球气候变化具有直接贡献的角度计量碳排放，是一种比单纯计量化石燃料 CO_2 排放更加科学、合理的方式。

在此基础上，本章将探讨不同国家的碳排放责任问题。我们综合考虑了不同国家的化石燃料排放、土地利用变化排放、陆地碳汇和海洋碳汇，以贡献排放量来计算排放责任，并对其全球分异进行探讨。

4.1 全球碳平衡

4.1.1 全球碳平衡原理

图 4-1 是改自全球碳计划（Global Carbon Project，GCP）的全球碳循环模式图。碳元素在大气、海洋和陆地生物圈这三个巨系统之间进行着交换、循环。在这三个巨系统中，大气中的碳量相对准确，由全球大气监测系统直接观测得出；陆地生物圈包括植被和土壤，是三个巨系统中最大的有机碳库，也最复杂、最具不确定性；在水圈（海洋）中，作为生物体存在的有机碳库较小，但储存着巨大的无机碳库。

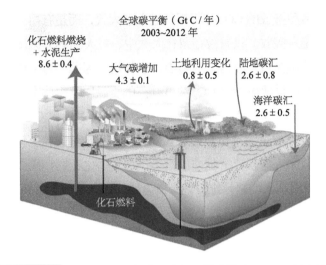

全球碳平衡（Gt C／年）
2003~2012 年

化石燃料燃烧
＋水泥生产
8.6±0.4

大气碳增加
4.3±0.1

土地利用变化
0.8±0.5

陆地碳汇
2.6±0.8

海洋碳汇
2.6±0.5

化石燃料

图4-1 2003~2012 年全球碳循环模式图（IPCC，2014）

　　碳循环的主要过程如下：陆地植被通过光合作用，将大气中的 CO_2 固定为化学能（碳水化合物）储存在植被生物量中，其中约有一半的碳水化合物以植物呼吸的形式再次释放到大气中，另有一部分则以枯枝落物等形式进入土壤。这一部分的有机碳又以土壤呼吸的形式释放回到大气。因此，在自然状态下，CO_2 在陆地生物圈—大气圈之间的循环保持着平衡状态。另外，在水圈、大气与表层海洋之间也进行着较强的碳交换。在处于动态平衡状态的自然系统中，碳循环也处于动态平衡之中，即生物圈从大气圈中吸收了多少 CO_2，最后又几乎等量地释放到大气中。但是，进入工业化时代以后，人类大量使用化石燃料向大气释放了额外的 CO_2，热带森林破坏等土地利用变化也导致 CO_2 的排放，从而使生物圈—大气圈之间原有的碳平衡被打破，导致地表系统发生物理学、化学和生物学过程的改变，也引发了全球温暖化、降水格局改变、海平面上升、冰川消融等一系列的环境问题。

　　化石燃料燃烧和土地利用变化等人类活动作为气候系统和生态系统的干扰强迫，打破了原有的平衡，引起了 CO_2 源汇格局的重新分配。据研究，2003~2012 年，化石燃料燃烧和土地利用变化每年分别向大气平均排放 8.6Pg C 和 0.8Pg C 的 CO_2（图4-1）。这些 CO_2 约有 46%（4.3Pg C）存留在大气中，成为大气 CO_2 浓度增加的直接贡献者；另各有 27% 的 CO_2 被分别固定在陆地生态系统（2.6Pg C）和海洋生态系统（2.6Pg C）中（Le Quére et al.，2014）。也就是说，人类活动排放的 CO_2 并不都是进入了大气，而是有相当一部分被陆地和海洋生态系统所吸收。只有被存留在大气中、对大气 CO_2 浓度升高产生直接作用的那一部分碳排放才有可能对增温产生作用。因此，为了科学合理地评价化石燃料燃烧等碳排放对大气 CO_2 浓度升高的贡献以及由此产生的碳排放历史责任等问题，我们定义：**人类活动排放的 CO_2 中，对大气 CO_2 浓度升高有直接贡献的那部分排放量为"贡献排放量"**。贡献排放量包括历年贡献排放量、累计贡献排放量和人均累计贡献排放量等，它们是化石燃料排放计量中历年排放量、累计排放量和人均累计排放量等概念的发展。

4.1.2 碳平衡组分变化

依据全球碳平衡原理，将碳循环考虑成人类活动排放碳与自然系统吸收碳之间的收支过程。前者作为碳源，包括化石燃料（包括生产水泥等引起的）排放和土地利用变化排放；后者为碳汇，包括大气碳量累积、海洋吸收和陆地吸收。这里没有将生态系统及微生物呼吸考虑成一个独立的碳源，而是将生态系统光合固碳、呼吸排碳等过程的净通量（一般为吸收碳）作为碳汇中的陆地和海洋吸收组分。因此，全球碳平衡方程式可写成公式（4-1）。

$$大气碳增量 + 陆地碳汇 + 海洋碳汇$$
$$= 化石燃料碳排放量 + 土地利用变化碳排放量 \qquad (4\text{-}1)$$

其中，土地利用变化多指植被破坏、森林砍伐、造林等，常与陆地碳汇相互包含。因此，如果主要关注化石燃料碳排放，将土地利用变化和海洋、陆地碳汇统称为生态系统变化量，则公式（4-1）可写成：

$$化石燃料碳排放量 = 大气碳增量 + 生态系统变化量 \qquad (4\text{-}2)$$

公式（4-1）和公式（4-2）表明，大气 CO_2 浓度的升高不仅与化石燃料和土地利用变化排放量有关，还受海洋和陆地碳汇能力的影响。因此，衡量一个国家对大气 CO_2 浓度升高的责任大小不能仅仅考虑其化石燃料的碳排放量，还需要考虑其土地利用变化以及碳汇能力。也就是说，贡献排放量更能科学和准确地反映一个国家对大气 CO_2 浓度变化的贡献。

　　根据全球碳平衡公式（4-1），由美国夏威夷岛 1959 年以来实测（https://www. esrl. noaa. gov/gmd/ccgg/trends）和冰芯估算的大气 CO_2 浓度数据（Etheridge et al., 1998），以及化石燃料（Boden et al., 2010）和土地利用变化排放量估算序列（Houghton and Goetz, 2008），计算得出海陆总碳汇序列。其中，大气 CO_2 浓度与大气碳质量的转换系数为：1ppmv = 2.123Pg C（Enting et al., 1994）。图 4-2 给出了 1850 年以来全球大气碳量、化石燃料排放量、土地利用变化排放量以及海陆碳汇的累计（图 4-2a）和逐年变化（图 4-2b）。由图 4-2 可见，1900 年以前，土地利用变化排放量高于化石燃料排放量，此后后者逐渐超过前者。1950 年开始，化石燃料碳排放急速增加，其累计量于 1960 年超过土地利用变化排放量。1850~2010 年，化石燃料和土地利用变化排放总量分别为 363Pg C 和 153Pg C，前者是后者的两倍多，因此化石燃料燃烧是大气 CO_2 浓度增加的最主要贡献者。大气碳增量和海陆碳汇的波动均较大，且有一定的互补性，总体上前者略低于后者。

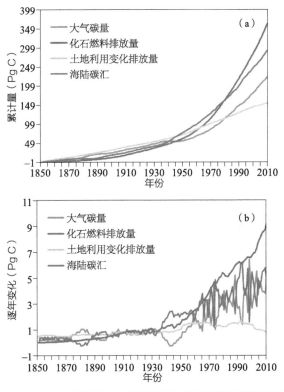

图 4-2　1850~2010 年大气碳量、化石燃料和土地利用变化排放量及海陆碳汇的变化
（a）累计量；（b）逐年变化

接下来，我们考虑如何分离海洋和陆地碳汇。研究表明，海洋吸收占总碳汇的比例相对稳定。但大气二氧化碳浓度增加引起海洋酸化，使海洋碳汇能力逐渐下降（Canadell et al.，2007）。通过建立 1959~2006 年海洋吸收占总碳汇的比例（Canadell et al.，2007）和对应年份的大气碳量之间的关系（图4-3），我们发现大气碳量每增加 1Pg C，海洋碳汇占总排放量的比例约下降 0.037%。即大气 CO_2 浓度每增加 1ppmv，海洋碳汇吸收比例下降 0.078%。

根据图 4-3 建立的关系，以及 1850~1958 年和 2007~2008 年的大气 CO_2 浓度，对相应时期的海洋碳汇比例进行了推算，从而得出海洋碳汇的逐年变化。然后，利用公式（4-1）得到陆地碳汇的逐年变化（图4-4）。相比海洋碳汇，陆地碳

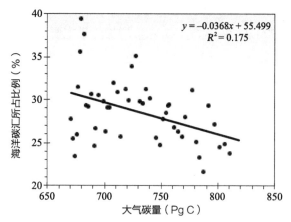

图4-3 1959~2006 年大气碳量与海洋碳汇所占比例的关系
海洋碳汇数据来自 Canadell 等（2007）

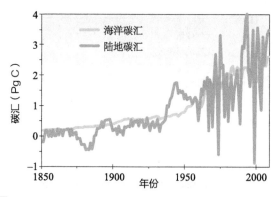

图4-4 1850 年以来的海洋和陆地碳汇的历年变化
1959~2006 年的数据来自 Canadell 等（2007）；其余数据根据碳收支历史序列（图4-2）和图 4-3 关系式推算得出

汇呈现出巨大的波动性。总的来说，海洋碳汇在 20 世纪 40 年代以前高于陆地碳汇。但随着海洋碳汇能力逐渐减弱，陆地碳汇逐渐与之持平甚至超过前者。

最后，利用 1959 年以来实测的大气 CO_2 浓度数据，考察全球化石燃料和土地利用变化碳排放量与大气碳增量的关系。我们发现，虽然存在较大的波动，但人类活动引起的化石燃料和土地利用变化排放量与大气碳增量之间仍然有很好的比例关系（图 4-5）。关系式如下

$$大气碳增量 =（化石燃料排放量 + 土地利用变化排放量）× 0.44 \quad （4\text{-}3）$$

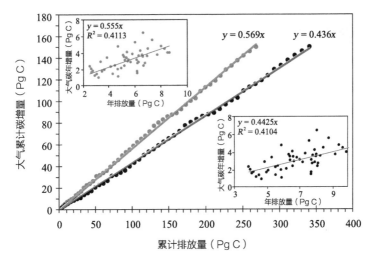

图 4-5 1959 年以来人类活动引起的累计碳排放量与大气累计碳增量（相对 1958 年值）的关系

图中蓝色点代表化石燃料排放量，黑色点代表化石燃料和土地利用变化的总排放量。两小图为年排放量与大气碳年增量的关系

也就是说，人类活动排放的 CO_2 约有 44% 进入大气，另外的 56% 则被海洋和陆地碳汇所吸收。Canadell 等（2007）得出 2000~2007 年人类活动引起的碳排放有 46% 被大气吸收的结论，其与本研究的差别可能来自海洋碳汇能力的减弱。

由于土地利用变化导致的碳排放量不确定性较大，我们对大气碳增量和化石燃料排放量的关系进行了直接考察，结果二者同样显示了非常好的比例关系（图 4-5），其关系式如下

$$大气碳增量 = 化石燃料排放量 × 0.57 \quad （4\text{-}4）$$

也就是说，若将土地利用变化排放以及海洋和陆地生态系统吸收综合考虑为生态系统碳汇，则化石燃料碳排放量的 56% 进入大气，剩下的 44% 被生态系统吸收。公式（4-3）和公式（4-4）分别对应着碳平衡方程式（4-1）和（4-2），从全球尺度给出了人类活动碳排放量与大气碳增量之间的关系。需要指出的是，公式（4-3）和公式（4-4）的系数 0.44 和 0.57 表示 50 年平均比例，它们在不同年份存在很大的波动。此外，该数值表示的是全球水平的碳收支比例。具体到国家层面上，由于每个国家的陆地碳汇能力和土地利用变化的强度有较大差异，公式（4-3）和公式（4-4）中的比例系数也会有较大变异。因此，本章采用贡献排放量作为切入点，能够更为公平地评估不同国家的排放责任。

4.2　全球及主要国家的贡献排放量

工业革命以来，大气 CO_2 浓度从 1850 年的 285ppmv 增加到 2008 年的 386ppmv。150 多年来，大气累计吸收 214Pg C，此亦即工业革命以来全球人类活动的累计贡献排放量。由于碳平衡分量在不同国家之间差异很大，因此各国的贡献排放量也会有较大差异。基于碳平衡原理的累计贡献排放量，是比化石燃料累计碳排放更为合理的责任计量方式。本节基于不同的考虑，对累计贡献排放量进行三种计算。首先，由于陆地碳汇存在很大的不确定性，我们假定各国的碳汇能力相同，即公式（4-3）和公式（4-4）中的比例系数无国别差异，基于化石燃料排放以及化石燃料和土地利用变化排放分别计算"贡献排放量"。其次，考虑陆地碳汇在不同国家之间的差异，基于碳平衡方程式对贡献排放量做更精确的计算。

4.2.1　假定各国碳汇能力均等的贡献排放量

（1）以化石燃料排放为变量的计算

假定各国生态系统变化量占总排放量（来自化石燃料）的比例均为全球平均水平（44%），由公式（4-4）可以计算出不同国家的累计贡献排放量及人均累计贡献排放量（图4-6）。这里，由于采取相同的比例系数，各国的累计贡献排放量和人均累计贡献排放量均为其化石燃料累计排放量和人均累计排放量的56%。由于第2章对后者已做较详细的阐述，这里不再赘述。需要说明的是，这里得出的全球累计贡献量为193Pg C，小于大气实际增量214Pg C，这可能是由前推预测（利用1959年以后的序列得出比例系数0.56）误差所引起的。

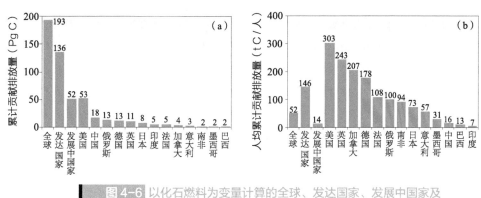

图4-6 以化石燃料为变量计算的全球、发达国家、发展中国家及G8+5国家的贡献排放量
（a）累计贡献排放量；（b）人均累计贡献排放量

（2）以化石燃料和土地利用变化排放为变量的计算

不考虑土地利用变化的国别差异，假定各国海洋和陆地碳汇占化石燃料和土地利用变化总排放量的比例均为全球平均水平（56%），由公式（4-3）计算得到各国的贡献排放量，以及人均累计贡献排放量（图4-7）。

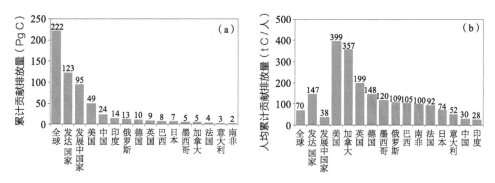

图4-7 以化石燃料和土地利用变化为变量计算的全球、发达国家、发展中国家及G8+5国家的贡献排放量
（a）累计贡献排放量；（b）人均累计贡献排放量

这里需要说明的是如何得到国家水平的土地利用变化排放量。CDIAC 数据库给出了 1850~2005 年全球及 10 个区域的土地利用变化引起的碳排放量（Houghton and Goetz，2008）。其中，10 个区域分别为：中国、加拿大、美国、中南美洲、南亚和东南亚、北非和中东、欧洲、苏联（1991 年苏联解体，最大加盟国俄罗斯正式独立）、热带非洲、亚太发展地区。该数据集估算了由人为活动直接引起的毁林、造林、重新造林等土地利用变化的碳排放，而不包括未受干扰的生态系统由于全球变化影响而发生的碳储量变化（Houghton，2003a；Houghton and Goetz，2008）。首先，由于各地区的土地利用变化排放量在 2000 年以后较稳定，因此利用 2000~2005 年的均值对 2006~2008 年的数据进行了填补。此外，为了得到国家水平的土地利用变化排放量，将中国、加拿大、美国以外的 7 个区域的逐年排放量按历史人口平均分配给各个国家，从而得到全球各国 1850~2008 年的土地利用变化碳排放序列，即

$$（该国人口 / 区域总人口）× 区域总土地利用排放量$$
$$= 该国土地利用变化排放量 \qquad （4\text{-}5）$$

图 4-7a 显示了全球主要国家的累计贡献排放量。由公式（4-3）得出的全球累计贡献排放量为 222Pg C，与大气实际增量 214Pg C 比较接近。发达国家和发展中国家的贡献比例分别为 55% 和 43%（由于全球序列包括海航数据，因此发达国家和发展中国家总和与全球总量稍有差别）。其中，美国和中国的累计贡献排放量较大，分别为 49Pg C 和 24Pg C，对大气 CO_2 浓度增加的贡献分别为 22% 和 11%。其余国家的贡献量则相对较小。

从人均累计贡献排放量看，发达国家是全球平均水平的 2 倍，是发展中国家的 4 倍 (图 4-7b)。美国、加拿大的人均累计贡献排放量较高，均为全球平均水平的 5 倍以上，是发展中国家的 10 倍左右；英国、德国、墨西哥、俄罗斯、巴西的人均累计贡献排放量也较高，为全球平均的 1.5~3 倍；南非、法国、日本的人均累计贡献排放量也都高于全球平均水平；中国、印度人均累计贡献排放量低于发展中国家平均水平。

4.2.2　考虑各国碳汇能力差别的贡献排放量

本节将各国陆地碳汇能力的差异纳入考虑范围，利用碳平衡公式（4-1）

对贡献排放量作精确的估算。但是，由于没有国家水平的陆地和海洋碳汇数据，我们尝试以几种不同方法将全球碳汇分解至国家水平。

首先，为了估算各国陆地碳汇，本研究按照该国森林（FAO，2005）占全球森林面积的比值对全球陆地碳汇进行分配，即

该国陆地碳汇 =（该国林地面积 / 全球林地面积）× 全球陆地碳汇 （4-6）

事实上，森林只是陆地碳汇的一个方面，草地等其他生态系统类型也有一定的碳汇作用。这里使用森林面积作为碳汇分配指标，只作为一种尝试方案。另外，我们将海洋考虑为公共资源，即按国家人口分配海洋碳汇：

该国海洋碳汇 =（该国人口 / 全球总人口）× 全球海洋碳汇 （4-7）

有了以上两个分量，根据公式（4-1）可计算出贡献排放量（图4-8，表4-1）。注意，这里对海洋碳汇的估算只是一种方式，如有更精确的国家估算，可以代入修正公式（4-7）计算。

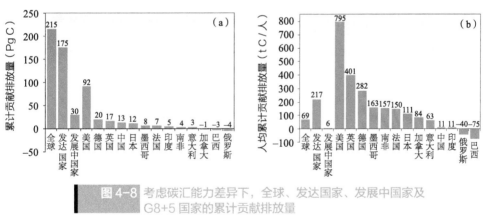

图4-8 考虑碳汇能力差异下，全球、发达国家、发展中国家及G8+5国家的累计贡献排放量

（a）累计贡献排放量；（b）人均累计贡献排放量

从表4-1看出，工业革命以来大气 CO_2 浓度增加量（约 100ppmv）有81%是由发达国家所致，发展中国家的贡献量只占14%，前者是后者的5倍多。美国的贡献比例最高，占全球的43%；德国和英国次之，为9%和8%；中国和日本均在6%左右；其余国家的贡献比例均小于4%，其中加拿大、巴西、俄罗斯的贡献量为负值。后三者的贡献量为负值是因为其森林面积较大，最终分配的陆地碳汇较大。

从人均累计贡献排放量来看，发达国家高达 217t C/ 人，是全球的 3 倍，是发展中国家的 36 倍。发达国家中，美国最高（795t C/ 人），是全球平均的 11 倍多；英国和德国其次，分别为 401t C/ 人和 282t C/ 人；法国、日本、加拿大为 84~150t C/ 人，高于全球平均水平，但低于发达国家平均水平。发展中国家中，墨西哥和南非的人均贡献排放量较高，在 150t C/ 人以上；中国、印度仅为 11t C/ 人；巴西为负值，为 -75t C/ 人。需要说明的是，由于人均累计贡献排放量的计算由逐年贡献排放量求和得到，虽然加拿大的历史实际贡献量为负值，但其人均累计贡献排放量却为正值，且高于全球平均水平。

表 4-1　全球、发达国家、发展中国家及 G8+5 国家的历史碳收支及累计贡献排放量

国家 / 地区	历史排放（Pg C）			碳汇吸收（Pg C）		贡献排放		
	化石燃料燃烧	土地利用变化	总排放	海洋碳汇	陆地碳汇	贡献排放量（Pg C）	大气浓度增量（ppmv）	贡献比例（%）
全球	344.8	160.4	505.2	148.1	142.5	214.7	101.1	100
发达国家	242.6	37.6	280.2	39.7	65.6	174.9	82.4	81
发展中国家	92.7	122.8	215.5	108.3	76.9	30.3	14.2	14
美国	94.2	16.2	110.5	7.5	11.0	92.0	43.3	43
德国	22.4	0.9	23.3	3.2	0.4	19.6	9.3	9
英国	19.1	0.6	19.7	2.3	0.1	17.3	8.2	8
中国	31.4	22.9	54.4	34.0	7.1	13.2	6.2	6
日本	14.4	2.6	17.0	3.9	0.9	12.2	5.8	6
墨西哥	3.9	8.2	12.0	1.9	2.3	7.8	3.7	3.6
法国	9.2	0.7	9.9	2.2	0.6	7.1	3.3	3.3
印度	9.2	21.7	30.9	23.4	2.4	5.1	2.4	2.4
南非	4.2	1.2	5.4	0.9	0.3	4.3	2.0	2.0
意大利	5.4	0.5	6.0	2.1	0.4	3.5	1.6	1.6
加拿大	7.1	4.2	11.3	0.8	11.2	-0.6	-0.3	-0.3
巴西	2.8	14.4	17.2	3.4	17.3	-3.5	-1.6	-1.6
俄罗斯	23.7	6.5	30.2	5.2	29.2	-4.3	-2.0	-2.0

注：大气浓度增量表示该国（地区）对大气浓度增加的贡献值（由贡献排放量除以 2.123 得到）。表中的一些数值有差异是由四舍五入引起的

4.2.3　三种"贡献排放量"比较

通过考虑碳循环不同分量，我们以三种方式对贡献排放量进行了计算。但事实上，基于碳平衡等式的计算才是本章定义的贡献排放量。本章计算前两者，主要为了将基于碳平衡的贡献排放量与基于化石燃料、土地利用变化排放的责任计量方式予以比较。

由表 4-2 可以看出，不同计算方法得到的责任比例相差很大。若以化石燃料排放计，过去 150 年发达国家对大气 CO_2 浓度升高的贡献为 70%，发展中国家为 27%；若以化石燃料和土地利用变化排放计，发达国家和发展中国家的贡献分别为 55% 和 43%，相差较小；若考虑碳平衡各分量计算贡献排放量，则发达国家的贡献比例达到 81%，约是发展中国家的 6 倍。在国家水平上，美国的贡献比例在三种计算下均最大，但数值在不同情境下差异较大：仅考虑化石燃料时，为 27%；考虑化石燃料和土地利用变化排放时，为 22%；考虑所有分量时，

表 4-2　基于三种方法计算的不同国家贡献排放量比例比较

国家 / 地区	化石燃料燃烧排放比例（%）	化石燃料燃烧＋土地利用变化总排放比例（%）	基于碳平衡等式的贡献排放比例（%）
全球	100	100	100
发达国家	70	55	81
发展中国家	27	43	14
美国	27	22	43
德国	6.5	4.6	9.2
英国	5.5	3.9	8.1
中国	9.1	10.8	6.2
日本	4.2	3.4	5.7
墨西哥	1.1	2.4	3.6
法国	2.7	2.0	3.3
印度	2.7	6.1	2.4
南非	1.2	1.1	2.0
意大利	1.6	1.2	1.6
加拿大	2.1	2.2	−0.3
巴西	0.8	3.4	−1.6
俄罗斯	6.9	6.0	−2.0

则为 43%。德国、英国、日本、墨西哥、法国、南非等国由于人口较少或森林面积较小，在基于碳平衡等式下的贡献比例均比仅基于排放的比例要高。相反，中国、印度、加拿大、巴西、俄罗斯的贡献排放量比例比基于排放的比例要低。

4.3　结语

发达国家与发展中国家在国际气候谈判上存在较大争议。发达国家认为当前发展中国家对大气 CO_2 浓度升高的贡献较大。发展中国家则认为已有 CO_2 浓度升高主要是由过去一百多年工业化造成的，发达国家应对历史遗留问题买单。二者争论的焦点在于三点：一是人均，二是历史，三是发展。

目前大部分发达国家已经实现工业化，而绝大多数发展中国家仍处于工业化早期，甚至许多国家尚未解决基本生存问题。尽管全球变化是所有人必须面对的问题，但是最脆弱的往往是导致气候变化责任最小、最没有话语权、最无力表达自己诉求的发展中国家和小岛国。在面临全球变化问题的时候，发达国家更多考虑的是自身的利益，却没有为气候变暖受害最严重的国家考虑。

本章所定义的贡献排放量基于全球碳平衡原理，更能清晰表达一个国家实际贡献的指标。若仅考虑化石燃料排放，发达国家人均累计排放量是发展中国家的 10.4 倍（图 4-6）；若以贡献排放量计算，发达国家人均累计排放量是发展中国家的 36.2 倍。在两种计算模式下，1850 年以来中国人均累计排放量分别为 16t C/ 人和 11t C/ 人，分别是全球平均水平的 31% 和 16%。

由此可以看出，贡献排放量更能明确不同国家集团对大气 CO_2 浓度升高的贡献，其结果更能代表发展中国家利益。此外，整个社会经济是一个非常复杂的系统，产业结构、能源利用效率、资源储量等，都是重要的指标，减排必然会造成多种影响，尤其对于当前处于工业化早期阶段的发展中国家的影响更为严重。

当然，国家碳收支和贡献排放量只作为历史责任的界定方式，全球碳减排的实现还需要遵循国际减排共识与目标。

全球未来碳排放与碳减排国际分配方案

王少鹏　岳　超　朱江玲　郑天立　方精云

概括而言，旨在控制未来碳排放的国际减排分配方案可以分为两种类型，一种基于配额，另一种基于减排。配额方案的基本出发点是人人享有均等的碳排放权。根据这一原则，按照人口规模对一定时期内的允许排放量在不同国家间进行分配，如中国学者提出的人均历史累计排放趋同（丁仲礼等，2009a，2009b）、巴西学者提出的累计排放均等方案等①。减排方案强调将未来碳排放控制在某个可接受的水平上，以减排为核心，如英国的全球公共资源研究所（Global Commons Institute，GCI）提出的"紧缩趋同"（contraction & convergence）方案（Meyer，2004）、2009年意大利G8峰会提出的G8全球减排方案②、瑞典斯德哥尔摩环境研究所提出的温室发展权方案（Baer et al.，2008）等。配额方案强调不同国家排放权的公平性，为发展中国家所推崇，而减排方案强调应对气候变化所需的各国共同的减排责任，得到发达国家的支持。本章简单计算和评估几个影响较大的配额方案和减排方案，最后从寻求发展中国家和发达国家最大共同利益的折中角度，提出了国家发展权（NDR）方案。

5.1 碳排放配额

5.1.1 基于"两个趋同"原则的全球碳排放分配方案

第3章的分析表明，排放权就是发展权。人均累计碳排放是一国富裕程度、工业化程度和城市化水平的重要表征量。与此同时，在一定的经济发展阶段，人均排放量与人均GDP直接相关。因此，从"人人平等"原则考虑，发展中国家有权要求其人均累计碳排放量最终达到发达国家的水平，且人均年排放量与其持平，即达到历史与现时碳排放的"两个趋同"。"两个趋同"是配额分配方案的典型代表。本节在"两个趋同"原则下，对全球2050年前的碳排放路径

---

① Brazil, "Proposed Elements of a Protocol to the UNFCCC", presented by Brazil in response to the Berlin mandate, 1997（FCCC/AGBM/1997/MISC.1/Add.3），Bonn: UNFCCC. http://unfccc.int/cop4/resource/docs/1997/agbm/misc01a3.htm. Accessed on July 2, 2009
② http://www.g8italia2009.it/G8/Home/Summit/G8-G8_Layout_locale-1199882116809_Atti.htm, G8 Leaders Declaration: Responsible Leadership for a Sustainable Future

作出模式预测。

对发达国家，首先假定其遵从三个量化减排目标：《京都议定书》规定的 2012 年在 1990 年基础上减排 5.2%；"巴厘路线图"提出的 2020 年在 1990 年基础上减排 25%~40%（本章按照 25% 计算）；意大利 G8 峰会提出的 2050 年减排 80%，基准年为 1990 年或 2005 年。鉴于《京都议定书》于 2005 年生效，本研究以该年作为 "G8 目标" 的基准年。进一步假定发达国家在不同减排期内（即 2005~2012 年、2012~2020 年、2020~2050 年），根据减排目标实行均匀减排，对发达国家 2006~2050 年的碳排放路径做出了预测。据此，可以得出人均碳排放路径。最后，为了预测发达国家在 2050 年以后的人均碳排放路径，我们假定 2050 年以后，发达国家的人均排放量服从指数衰减，衰减速率为 2006~2050 年碳排放量的年均衰减速率（3.5%）。

对发展中国家人均排放路径的预测，主要考虑两个方面：一是发展中国家的人均排放量峰值不超过发达国家的历史峰值，即 3.5t C/ 人；二是在尽可能短的时期内，发展中国家达到与发达国家人均累计排放量和人均现时排放量的 "两个趋同"；最后根据发达国家和发展中国家的人均排放量，结合 2006~2050 年人口预测数据，并假定 2050 年以后发展中国家的人口固定为发达国家的 5.5 倍（2050 年比值），推算出了全球人均碳排放量。

图 5-1a 是 "两个趋同" 模式下的人均碳排放预测路径。2006~2050 年，发达国家根据三个减排目标均匀减排，至 2050 年发达国家的人均碳排放量为 0.56t C/ 人。2050 年以后，发达国家的人均排放量指数衰减，至 2150 年人均排放量接近 0。而发展中国家的人均排放量在 2006 年以后迅速增加，至 2055 年前后达到最大值 3.5t C/ 人。达到峰值后，人均排放量迅速下降，至 2150 年降至 0，达到与发达国家的 "现时排放趋同"。与此同时，发达国家和发展中国家 1850~2150 年的人均累计排放量均为 343t C/ 人，即达到了 "累计排放趋同"。

根据人口预测数据，我们计算了 2006~2050 年全球、发达国家和发展中国家的碳排放路径（图 5-1b）。2006~2050 年，发达国家和发展中国家累计碳排放量分别为 112Pg C 和 806Pg C，全球累计排放量为 918Pg C。根据第 4 章给出的化石燃料碳排放的 56% 进入大气的结论，45 年间大气 CO_2 浓度将增

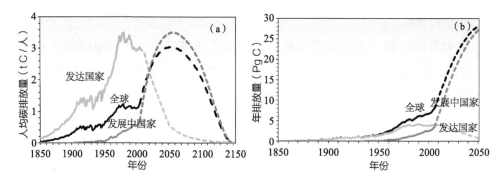

图 5-1 "两个趋同"原则下的预测路径
(a)人均碳排放量(2006~2150年);(b)年排放量(2006~2050年);
实线代表历史实际排放,虚线代表预测排放

加242ppmv,即2050年大气CO_2浓度将达到622ppmv。2050年以后,大气CO_2浓度仍将快速增加,年增量高于7ppmv。

显然,在全球变暖的大背景下,这样的情景是不允许发生的。因此,"两个趋同"在未来是不可能实现的。也就是说,发展中国家要求与发达国家达到相同的人均累计碳排放是全球气候变化情境所不允许的。下面我们考虑控制2050年全球CO_2浓度低于450ppmv的配额方案。

5.1.2 基于"人均累计贡献排放量"的碳排放配额

本节按照"人均累计贡献排放量相等"原则,基于大气碳浓度的历史序列及情景预测值,计算1850~2050年发达国家、发展中国家及G8+5国家的化石燃料碳排放配额,并分析盈余与赤字情况。假定如下大气碳浓度情景:395ppmv(2012年)、410ppmv(2020年)和450ppmv(2050年)。分5个时间段计算:1850~1990年、1991~2005年、2006~2012年、2013~2020年、2021~2050年。其中,1850年大气CO_2浓度为284.7ppmv,1990年为354.2ppmv,2005年为379.8ppmv。

这里,采取两种配额计算方法:①利用公式(4-4),以化石燃料为变量的排放配额;②利用公式(4-1)和公式(4-3),计算考虑土地利用变化和碳汇能力差别的排放配额及排放空间。

（1）以化石燃料为变量的排放配额

根据公式（4-4），由大气碳浓度（碳量）的历史和未来预测变化可以计算得到相应时间段的全球化石燃料排放量。按人均原则，计算出全球人均排放量，然后乘以国家人口得到该国配额，即

该国排放配额 =（大气碳增量 / 0.56）×（该国人口 / 全球人口）（5-1）

在 2005 年以前，根据大气碳浓度和人口数据计算逐年的排放配额，求和得到 1850~1990 年和 1990~2005 年时间段内的累计量；而 2005 年以后，则根据相应时间段内的大气碳增量以及全球和国家的平均人口计算。这种配额方法使用统一的比例系数 0.56，相当于假定各国生态系统变化量占总碳量的比例相等。这一计算方法与丁仲礼等（2009b）的配额计算较为相似，计算结果见表 5-1。

表 5-1　1850~2050 年基于"人均相等"原则，按公式（5-1）计算的排放配额（记为"配额 1"）

项目	1850~ 1990 年	1991~ 2005 年	2006~ 2012 年	2013~ 2020 年	2021~ 2050 年	过去 （1850~ 2005年）	未来 （2006~ 2050 年）	全部 （1850~ 2050年）
大气碳浓度增量 （ppmv）	69.5	25.6	15.2	15	40	95.1	70.2	165.3
大气碳质量增量 （PgC）	147.5	54.3	32.3	31.8	84.9	201.9	149.0	350.9
全球允许化石燃料排放 （PgC）	263.5	97.1	57.6	56.9	151.6	360.5	266.1	626.7
配额计算（PgC）								
发达国家	75.7	20.0	10.8	10.1	23.6	106.5	33.6	140.1
发展中国家	187.6	77.1	46.8	46.8	128.1	311.5	174.9	486.4
中国	62.5	20.8	11.7	11.1	26.3	95.0	37.4	132.4
印度	41.5	16.0	9.9	9.9	26.9	67.3	36.8	104.1
美国	13.5	4.5	2.6	2.6	6.9	20.6	9.5	30.1
俄罗斯	10.3	2.4	1.2	1.0	2.1	13.9	3.2	17.0
巴西	5.5	2.8	1.7	1.7	4.4	10.0	6.0	16.1
日本	7.3	2.1	1.1	1.0	1.9	10.4	2.9	13.3
德国	6.5	1.3	0.7	0.6	1.4	8.5	2.0	10.5

（续表）

项目	1850~1990 年	1991~2005 年	2006~2012 年	2013~2020 年	2021~2050 年	过去（1850~2005 年）	未来（2006~2050 年）	全部（1850~2050 年）
配额计算（Pg C）								
墨西哥	3.2	1.6	0.9	0.9	2.5	5.7	3.4	9.1
法国	4.5	1.0	0.5	0.5	1.2	6.0	1.7	7.8
英国	4.5	1.0	0.5	0.5	1.1	5.9	1.6	7.6
意大利	4.2	0.9	0.5	0.4	1.0	5.7	1.4	7.1
南非	1.3	0.7	0.4	0.4	0.9	2.5	1.2	3.7
加拿大	1.3	0.5	0.3	0.3	0.7	2.1	1.0	3.1

（2）考虑土地利用变化和碳汇能力差异的排放配额及排放空间

上一部分计算了仅基于化石燃料排放的各国碳排放配额。本部分利用公式（4-3），计算考虑土地利用变化和碳汇能力国别差异的碳排放配额。配额计算分为两步：首先，假定人均的土地利用变化排放量与碳汇大小无国别差异，利用公式（4-3）计算某国的排放配额。然后，根据该国实际的土地利用变化排放量和陆地碳汇大小对排放配额进行修正，得到实际允许的排放空间。

根据公式（4-3），考虑土地利用变化排放量下的全球人均配额，计算如下

$$该国排放配额 = [（大气碳增量 / 0.44）- 全球土地利用变化排放量] \times （该国人口 / 全球人口） \quad (5\text{-}2)$$

同样地，2005 年以前的计算基于历史观测序列（大气碳浓度、土地利用变化和人口序列）；2005 年以后的计算基于相应时间段内的大气碳增量、土地利用变化排放量以及全球和国家的平均人口。这里假定 2005 年以后的全球土地利用变化排放量不变，为 2000~2005 年的平均水平（1.47Pg C）。排放配额的结果见表 5-2。如前所述，公式（4-3）中的比例系数 0.44 比公式（4-4）中的比例系数有更好的前推预测能力，因此本部分的配额计算更为精确。可以看到，1850~2005 年全球可承受的化石燃料排放量为 303Pg C，远低于配额 1 中的 361Pg C。

根据公式（5-2）计算的人均配额虽然考虑土地利用变化排放量，但由

表 5-2　1850~2050 年基于"人均相等"原则，按公式（5-2）计算的排放配额

项目	1850~1990 年	1991~2005 年	2006~2012 年	2013~2020 年	2021~2050 年	过去（1850~2005 年）	未来（2006~2050 年）	全部（1850~2050 年）
大气碳浓度增量（ppmv）	69.5	25.6	15.2	15	40	95.1	70.2	165.3
大气碳质量增量（Pg C）	147.5	54.3	32.3	31.8	84.9	201.9	149.0	350.9
土地利用变化排放（Pg C）	132.7	22.8	10.3	11.8	44.1	155.5	66.2	221.7
全球允许化石燃料排放（Pg C）	202.7	100.7	63.1	60.6	148.9	303.3	272.6	575.9
配额计算（Pg C）								
发达国家	56.1	20.7	11.9	10.7	23.1	76.8	45.7	122.5
发展中国家	146.4	80.0	51.2	49.9	125.8	226.4	226.8	453.2
中国	47.4	21.6	12.8	11.9	25.8	68.9	50.4	119.4
印度	31.5	16.6	10.8	10.5	26.4	48.1	47.7	95.9
美国	10.4	4.7	2.9	2.7	6.8	15.1	12.4	27.5
巴西	4.6	2.9	1.9	1.8	4.3	7.5	7.9	15.5
俄罗斯	7.5	2.5	1.3	1.1	2.1	9.9	4.5	14.4
日本	5.5	2.1	1.2	1.0	1.9	7.6	4.1	11.7
德国	4.6	1.4	0.8	0.7	1.4	6.0	2.8	8.8
墨西哥	2.6	1.7	1.0	1.0	2.4	4.3	4.5	8.7
法国	3.2	1.0	0.6	0.6	1.2	4.2	2.4	6.6
英国	3.2	1.0	0.6	0.5	1.1	4.2	2.2	6.4
意大利	3.1	1.0	0.5	0.5	0.9	4.0	2.0	6.0
南非	1.1	0.7	0.5	0.4	0.9	1.9	1.7	3.6
加拿大	1.0	0.5	0.3	0.3	0.7	1.6	1.3	2.8

于公式（5-2）中使用了相同的比例系数 0.44，相当于假定在人均意义上，土地利用变化排放和碳汇能力无国别差异。而事实上，除海洋碳汇可被认为在人均意义上无差别外，各国的土地利用变化排放和陆地碳汇能力均具有较大差别。因此，我们利用各国土地利用变化排放和陆地碳汇的实际值与根据人均相等的分配值的差，对公式（4-6）做如下修正，得到该国实际允许的排放空间：

$$该国排放空间 = 该国排放配额 + \Delta 汇 - \Delta 土 \qquad (5\text{-}3)$$

式中，"Δ 汇"表示该国的陆地碳汇与按人口分配的陆地碳汇的差值；"Δ 土"表示该国的土地利用变化排放量与按人口分配的土地利用排放量的差值。

这里我们对公式（5-3）给出一种解法：首先，假定未来 40 年全球陆地碳汇的吸收比例固定为 30%（2000~2008 年平均值）；其次，由于各区域的土地利用变化碳排放在 2000 年以后较稳定，因此利用 2000~2005 年的各区域 [指 Houghton 和 Goetz（2008）给出的 10 个分区] 土地利用变化排放量均值作为 2006~2050 年的估计值；最后，根据第 4 章中公式（4-5）和公式（4-6），按林地面积比例分配陆地碳汇，按区域内人均相等分配土地利用变化排放，并将此二者作为对一国陆地碳汇和土地利用变化排放的合理估计，计算其与按人均相等计算方式的差值 Δ 汇和 Δ 土，结果见表 5-3。

表 5-3　按公式（5-3）修正的化石燃料排放空间（记为"配额 2"）

国家 / 地区	1850~1990 年	1991~2005 年	2006~2012 年	2013~2020 年	2021~2050 年	过去（1850~2005 年）	未来（2006~2050 年）	全部（1850~2050 年）
发达国家	74.4	34.7	19.9	19.1	48.1	109.1	87.0	196.1
发展中国家	127.6	66.0	43.2	41.5	100.8	193.5	185.5	379.0
中国	39.4	20.3	11.6	11.1	26.7	59.6	49.4	109.0
印度	23.7	10.5	6.9	6.6	15.2	34.2	28.6	62.9
俄罗斯	22.8	9.4	5.5	5.3	13.5	32.2	24.3	56.5
美国	2.4	7.3	4.2	4.2	11.6	9.7	20.0	29.8
巴西	6.3	3.4	2.7	2.4	4.7	9.7	9.8	19.5

（续表）

国家 / 地区	1850~ 1990 年	1991~ 2005 年	2006~ 2012 年	2013~ 2020 年	2021~ 2050 年	过去 (1850~ 2005 年)	未来 (2006~ 2050 年)	全部 (1850~ 2050 年)
加拿大	4.8	3.0	1.9	1.8	4.6	7.9	8.3	16.2
日本	4.5	2.0	1.1	1.0	2.0	6.6	4.1	10.6
德国	5.2	1.3	0.7	0.6	1.5	6.5	2.8	9.3
法国	3.9	1.1	0.6	0.6	1.4	5.0	2.6	7.5
意大利	3.5	1.0	0.5	0.5	1.1	4.4	2.0	6.5
英国	3.5	0.9	0.5	0.5	1.1	4.4	2.1	6.5
南非	0.6	0.4	0.3	0.3	0.6	1.0	1.1	2.1
墨西哥	−1.4	0.0	0.4	0.2	−0.4	−1.3	0.2	−1.1

（3）各国盈余和赤字分析

上两部分基于"人均贡献排放量相等"的原则，通过两种方式计算了全球主要国家 / 地区的化石燃料碳排放配额。其中，配额 1 不考虑土地利用、碳汇能力的差异；配额 2 则考虑了碳汇能力及土地利用方式的国别差异，并进行了修正。总体上，由于基于相同的原则，两种配额方式有较好的一致性（图 5-2，表 5-4）。1850~2050 年，发达国家排放配额为 140~196Pg C，发展中国家为 379~486Pg C。在两种配额方式下，中国、印度两国的排放配额均较大，这是由于两国人口显著高于其他国家；其次为美国、巴西、俄罗斯、日本等。可以看到，德国、法国、英国、意大利等国由于人口接近且属于同一土地利用分区（Houghton and Goetz，2008），其配额值在两种方式下均比较接近。

然而，由于发展中国家人口多，按人均分配的方式（配额 1）比考虑土地利用变化和碳汇能力差异的方式（配额 2）将分配给发展中国家更大的排放空间（图 5-2），如中国、印度等人口大国都是如此。但是，对人口密度较低、林地面积较大的巴西、加拿大、俄罗斯等国，在配额 2 情景下，则会有更大的排放空间。然而，由于土地利用变化排放量较大，墨西哥在配额 2 下的排放配额为负值，即来自土地利用变化排放的贡献排放量已经超过全球平均水平，从而没有化石燃料排放空间。

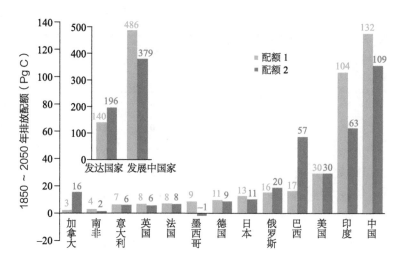

两种配额方式下，1850~2050 年主要发达国家和发展中国家的排放配额
各国的配额只给出整数，具体数字见表 5-1、表 5-3 和表 5-4

表 5-4　主要国家的历史排放量和两种配额方式下的配额（单位：PgC）

国家/地区	1850~2005 年累计排放量	配额 1		配额 2	
		1850~2005 年	1850~2050 年	1850~2005 年	1850~2050 年
发达国家	230.7	95.7	140.1	109.1	196.1
发展中国家	80.4	264.7	486.4	193.5	379.0
美国	89.5	18.0	30.1	9.7	29.8
中国	26.0	83.3	132.4	59.6	109.0
俄罗斯	22.5	12.7	17.0	32.2	56.5
德国	21.8	7.8	10.5	6.5	9.3
英国	18.6	5.4	7.6	4.4	6.5
日本	13.3	9.3	13.3	6.6	10.6
法国	8.9	5.5	7.8	5.0	7.5
印度	7.9	57.5	104.1	34.2	62.9
加拿大	6.7	1.8	3.1	7.9	16.2
意大利	5.1	5.2	7.1	4.4	6.5
南非	3.9	2.1	3.7	1.0	2.1
墨西哥	3.5	4.8	9.1	−1.3	−1.1
巴西	2.5	8.4	16.1	9.7	19.5

表 5-4 给出了各国家或地区的历史实际排放量以及两种配额方式下配额的
比较。首先从历史排放看，1850~2005 年发达国家累计排放 231Pg C，远高于其
配额值 96~109Pg C，呈赤字状态；发展中国家累计排放 80Pg C，仅达到其配额
值（194~265Pg C）的 30%~41%，有较大的历史盈余（图 5-3）。以美国为首的
主要发达国家均呈排放赤字，即历史累计化石燃料排放量高于同期的碳排放配
额，其中美国、德国、英国赤字最高，历史排放量至少为配额量的 3 倍；日本、
法国、意大利的赤字相对较小；俄罗斯和加拿大均受配额方式影响较大，在配
额 1 下呈赤字，在配额 2 下尚有盈余。与此不同的是，中国、印度有较高的盈
余，历史排放量仅为配额量的 15%~40%。其次为巴西。然而，南非却呈现排放
赤字。此外，墨西哥在配额 1 下有一定盈余，但在配额 2 下由于配额量为负值，
呈现赤字。

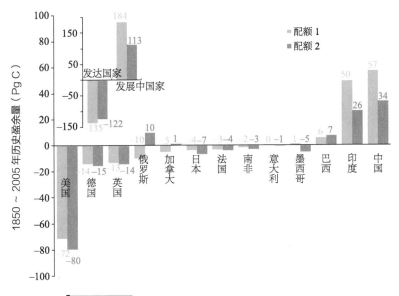

图 5-3 两种配额方式下，1850~2005 年发达国家、
发展中国家及主要国家的历史盈余情况

最后，我们关注各国于 2006~2050 年可允许的化石燃料排放空间。从图
5-4 可以看出，由于发达国家 2005 年以前的排放量已经远远超过 2050 年前的
配额，并呈现 35~91Pg C 的排放赤字，因此未来 40 年发达国家不但没有排放
权，还需要付出行动补偿以往的过度排放。具体地，美国、德国、英国排放

赤字分别为 59~60Pg C、11~12Pg C、11~12Pg C；法国、日本略超过 2050 年配额，赤字分别为 1Pg C、0~3Pg C；意大利的排放空间为 1~2Pg C；俄罗斯和加拿大受配额计算方式影响较大，在配额 1 下赤字达 4~5Pg C，而配额 2 下仍分别有 34Pg C 和 10Pg C 的排放空间。相反，发展中国家在未来 40 年有较大的化石燃料排放空间，为 299~406Pg C。方精云等（2009）估算，发展中国家 2006~2050 年的发展需求量为 275~422Pg C，因此配额下的排放空间基本能够满足。在发展中国家内部，中国和印度的允许排放空间最大，分别为 83~106Pg C 和 55~96Pg C；巴西有 14~17Pg C 的排放空间；南非由于历史排放较高，允许排放空间为 0 或呈赤字；墨西哥排放空间受不同配额计算方式影响较大，配额 1 下排放空间为 6Pg C，配额 2 下呈赤字。

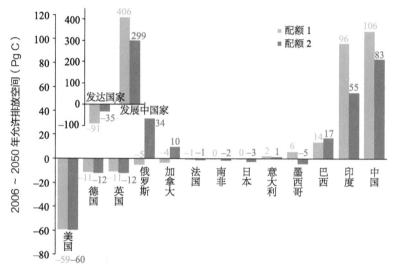

图 5-4 两种配额方式下，2006~2050 年发达国家、发展中国家及主要国家的允许排放空间

5.2 全球减排方案

如前所述，配额方案侧重人均历史累计排放的均等，关注不同国家之间排放权的公平性，强调发达国家和发展中国家之间有区别的责任；减排方案

侧重由发达国家和发展中国家共同参与全球减排行动，强调所有国家的共同责任。前一节基于配额方案，从仅仅考虑化石燃料排放和考虑贡献排放量两个角度探讨了配额方案下不同国家的排放配额、盈余状况和未来排放空间。本节第一部分评价影响较大的第35届意大利G8峰会全球减排方案，第二部分简单回顾发达国家和发展中国家应对气候变化问题上的分歧，分析了关注较多的另一全球减排方案——温室发展权（greenhouse development right，GDR）减排方案的优点及其局限，最后提出了国家发展权减排方案。

5.2.1 意大利 G8 峰会全球减排方案

（1）背景

2007年IPCC发布了气候变化第四次评估报告，报告将过去50年观测到的大部分变暖是由温室气体浓度增加导致的信度由"可能"提高到"很可能"（IPCC，2007），进一步肯定了人为温室气体排放对气候变化的驱动作用。这使得各方对当年在印度尼西亚巴厘岛召开的《联合国气候变化框架公约》第十三次缔约方大会寄予厚望，最后达成了被称为"巴厘路线图"的协议，即认同IPCC提出的发达国家2020年在1990年基础上减排25%~40%的目标，并为2007~2009年的两年期谈判进程提出了方向和时间表，旨在于2009年12月召开的《联合国气候变化框架公约》第十五次缔约方大会上确定2012年后的公约体制安排。

在这样的背景下，确定《京都议定书》第二承诺期以及全球远期减排目标成为气候变化谈判的焦点，也使得2009年召开的哥本哈根气候变化峰会备受瞩目。2009年7月在意大利召开的"八国集团"（G8）峰会上，G8国家提出了2050年发达国家温室气体排放削减80%、全球削减50%的目标（简称"G8目标"）。

因为"G8目标"提出了全球减排目标，就自然涉及发展中国家的排放权问题，因此被视为发达国家试图将发展中国家纳入减排框架的重要步骤。"G8目标"可能对确定全球远期减排目标，进而对发展中国家的排放权问题产生深刻影响。为此，需要对其内涵以及科学性、公正性和可行性进行认真与全面的分析。我们通过设置不同的碳排放情景，分析"G8目标"对发展中国家未来碳排放的影响，计算发展中国家的未来排放空间，并对发展中国家的排放需求量进行比较分析。

（2）数据来源与预测方法

化石燃料排放数据来自美国橡树岭国家实验室二氧化碳信息分析中心（Carbon Dioxide Information Analysis Center，CDIAC）。人口数据来自美国人口调查局（http://www.census.gov/）。该数据给出了全球 228 个国家 1950年以来的人口统计资料以及 2050 年以前各国逐年预测人口数据。

为了预测全球及发达国家和发展中国家未来的碳排放量，我们首先分别为其设置排放情景。假设 2050 年以前发达国家的碳排放路径遵从三个量化减排目标：《京都议定书》规定的 2012 年在 1990 年基础上减排 5.2%；"巴厘路线图"提出的 2020 年在 1990 年基础上减排 25%~40%（本研究按照 25% 计算）；意大利 G8 峰会提出的 2050 年减排 80%，基准年为 1990 年或 2005 年。

对发展中国家而言，"G8 目标"之前的任何国际议案对其均无减排要求，只有"G8 目标"隐含着对发展中国家的减排要求。为此，我们假定 2050年全球碳排放满足 G8 国家提出的全球削减 50% 的目标，其中发达国家减排80%，其余减排份额摊给发展中国家。鉴于《京都议定书》于 2005 年生效，本研究以该年作为基准年，对"G8 目标"进行分析。表 5-5 给出三个减排目标下全球、发达国家和发展中国家的预测排放值。

表 5-5　全球、发达国家、发展中国家在 2005 年的碳排放量及在三个量化减排目标下的预测排放值

年份	减排目标	基准年	排放量（Pg C）		
			全球	发达国家	发展中国家
1990	—	—	6.14	4.08	1.89
2005	—	—	7.97	4.02	3.62
2012	《京都议定书》	1990	—	3.87	—
2020	"巴厘路线图"	1990	—	3.06	—
2050	G8 意大利峰会	2005	3.99	0.80	3.18

注：为便于理解，给出两个基准年（1990 年和 2005 年）全球及两大阵营的总排放量

我们假定：发达国家在不同减排期间（即 2005~2012 年、2012~2020 年、2020~2050 年）根据减排目标实行均匀减排。对于发展中国家而言，"G8 目标"只对 2050 年的排放量设置了限制，缺乏中期排放路径。为此，设置 4 种不同的排放情景，对发展中国家 2050 年之前的排放路径进行预测。一般来说，一个国家或地区的工业化进程是逐步推进的，因此其碳排放量的变化应该是渐变的，不应该出现跳跃式变化。因此，本研究设置的发展中国家未来碳排放的情景，均采用逐渐变化的方式进行碳排放的增加和减少。4 种情景如下。

情景 A：从 2005 年开始，按照"G8 目标"，均匀减排至 2050 年的目标值。该情景要求发展中国家立即开始减排，是"G8 目标"下发展中国家的"最小排放情景"。

情景 B：从 2006 年开始，年排放量快速增加，但相对增加速率逐年均匀减小，至某年增率减至 0，即达到排放峰值；然后开始减排，逐年增大相对减排速率，至 2050 年满足全球减排目标（以 2005 年为基准年）。其中，年排放量峰值年份满足：峰值前碳排放年增率平均为 4.2%（该值为 1996~2005 年发展中国家碳排放的平均增率）；峰值后年平均降率为 3.5%（发达国家在"G8 目标"下 2005~2050 年的年均减排速率）。该情景的排放模式是，前期发展中国家按当前状况正常排放，但后期（即到达极大值后）排放受到限制（即按发达国家的减排方式减排）。

情景 C：与情景 B 类似，不同的是，峰值年份之前的平均排放增率设置为 5.5%，该值取自中国和印度 1995~2005 年碳排放量的平均年增率。中国和印度作为最大的发展中国家，人口为发展中国家总人口的一半左右，排放量占到发展中国家一半以上。两国近年来经济发展迅速，碳排放量迅速增加，增长速率大于发展中国家的平均水平。因此，该情景是一种前期快速发展，但后期受限减排的排放模式。

情景 D：与情景 B 类似，不同的是，峰值年份之前的平均排放增率设置为 3.6%，该值取自发达国家于 1950~1975 年的平均年排放增率，该时间段为历史上发达国家碳排放增加最快的时期。情景 B 使用发展中国家近 10 年来的平均增率，但事实上不同年份的增率有较大变化。因此，本情景参照发达国家历史上较长时期的平均增率给出发展中国家未来的平均年增率，是一种有参考价值的情景设置。

　　基于上述设定，得到 4 种情景下发展中国家在不同时期碳排放量的年平均变化速率（表 5-6）。利用这些变化速率，可以得到各情景下发展中国家未来的碳排放路径。

表 5-6　4 种情景下，发展中国家碳排放量在不同时间段的平均年变化速率（按每 5 年给出）　　　　（%）

时间段	情景 A	情景 B	情景 C	情景 D
2006~2010 年	-0.27	7.19	9.31	6.16
2011~2015 年	-0.27	5.07	6.20	4.54
2016~2020 年	-0.28	2.96	3.10	2.92
2021~2025 年	-0.28	0.79	0.08	1.30
2026~2030 年	-0.28	-1.03	-1.45	-0.49
2031~2035 年	-0.29	-2.33	-2.65	-1.96
2036~2040 年	-0.29	-3.62	-3.86	-3.35
2041~2045 年	-0.30	-4.92	-5.06	-4.75
2046~2050 年	-0.30	-6.21	-6.27	-6.15

　　此外，我们还基于中国未来碳排放预测结果（详见第 6 章）对 2050 年前发展中国家的排放需求量进行了预测。基于中国排放情景进行预测是因为我们没有关于其他发展中国家碳排放需求量的信息。本研究假定未来 45 年中国排放量占发展中国家的比例稳定在最近 10 年的平均水平（36.9%）。

　　最后，基于化石燃料碳排放的 56% 进入大气的结果（本书第 4 章），计算了 4 种排放情景下，未来 45 年大气 CO_2 浓度的变化。其中，大气 CO_2 浓度与碳量的关系为：大气 CO_2 浓度每增加 1ppmv，相当于大气中增加 2.123Pg C（Enting et al.，1994）。

（3）不同情景下发达国家和发展中国家的碳排放预测

（i）"G8 目标"下的"最小排放情景"

　　根据最小排放情景（情景 A），发达国家和发展中国家均从 2005 年开始均匀减排，至 2050 年满足 G8 全球减排目标（图 5-5a）。相应地，全球排放量也从 2005 年开始减少，至 2050 年时减少一半。

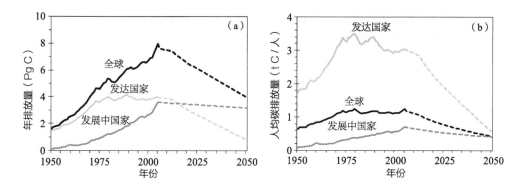

图 5-5 情景 A 预测结果
（a）年排放量；（b）人均碳排放量。实线代表历史实际排放，虚线代表预测排放

此情景可能是"G8 目标"出台的理论依据。根据 IPCC 第四次评估报告的情景预测，为使全球升温控制在 2℃ 以内，2050 年的大气 CO_2 浓度应控制在 450ppmv 以下（IPCC，2007）。而在"最小排放情景"下，2050 年的大气 CO_2 浓度刚好为 450ppmv（表 5-7）。其详情说明如下。

按"最小排放情景"，2006~2050 年发达国家和发展中国家的累计排放量分别为 112 Pg C 和 153Pg C，全球累计排放量为 264Pg C。因此，2006~2050

表 5-7 "G8 目标"下 4 种情景的预测结果

		情景 A	情景 B	情景 C	情景 D
2006~2050 年累计排放量（Pg C）	全球	264	385	416	377
	发达国家	112	112	112	112
	发展中国家	153	273	304	265
2006~2050 年人均累计排放量（t C/人）	全球	34	49	53	48
	发达国家	81	81	81	81
	发展中国家	23	42	47	40
2006~2050 年发展中国家排放峰值	年份	2006	2024	2022	2026
	排放量（Pg C）	3.6	7.9	9.0	7.5
	人均排放量（t C/人）	0.7	1.2	1.4	1.1
大气碳浓度预测值（ppmv）	2020 年	408	418	421	416
	2035 年	431	457	464	455
	2050 年	450	481	489	479

年将有约 148Pg C（264×56% ≈ 148）进入大气，换算成 CO_2 浓度，则为 70ppmv；加上 2005 年时的大气 CO_2 浓度（380ppmv），正好为 450ppmv（表 5-7）。

从人均累计排放量来看，2006~2050 年发达国家和发展中国家人均累计排放分别为 81t C/人和 23t C/人，发达国家是发展中国家的 3.5 倍（图 5-5b）。这显然是发展中国家所不能接受的。实际上，"G8 目标"并没有限制全球排放路径，因此"最小排放情景"也不会发生。

（ⅱ）"G8 目标"下的其他情景预测

在情景 B、C、D 下，发展中国家排放量均从 2005 年开始增加，年增率分别为 8%、10.5% 和 6.8%。此后年增率逐年减小直至达到排放峰值，峰值年份均在 2025 年左右。达到峰值后开始减少排放，减排速率逐渐增大，至 2050 年减排速率达 6.2% 左右，年排放量满足"G8 目标"（图 5-6a，图 5-7a，图 5-8a）。

表 5-7 给出了 B、C、D 三种情景下全球、发达国家和发展中国家的碳排放预测结果。2006~2050 年发达国家的累计排放量为 112Pg C，发展中国家的累计排放量为 265~304Pg C。基于情景 C 预测的排放量最大，情景 B 其次，情景 D 最小，即前期排放增率越大，累计排放量越大。不同情景下，2006~2050 年全球累计排放量为 377~416Pg C。相应地，大气 CO_2 浓度将在 2030 年前后达到 450ppmv，2050 年的大气 CO_2 浓度将达到 479~489ppmv（图 5-9）。

从人均排放量看，三种情景下未来 45 年发展中国家的人均碳排放量仍一直低于发达国家水平（图 5-6b，图 5-7b，图 5-8b），2025 年前后发展中国家的人均排放量达到峰值，为 1.1~1.4t C/人，远低于发达国家 1950 年以来的水平。到 2050 年，发达国家仍为发展中国家的 1.4 倍左右。2006~2050 年发达国家的人均累计排放量为 81t C/人，发展中国家为 40~47t C/人，仅为发达国家的一半左右。

事实上，情景 B、C、D 给出的排放空间是在满足"G8 目标"下，发展中国家所能达到的最大可能排放量。也就是说，为了满足"G8 目标"，本研究为发展中国家设置的排放路径是相当苛刻的。情景中假定的增排和减排速率都是发展中国家能够达到的最大值，这种快升快降的排放情景只是为了估算"G8 目标"下的最大排放量。而在实际中，由于经济运行的稳定性

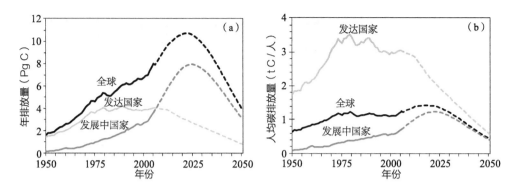

图 5-6 情景 B 预测结果
（a）年排放量；（b）人均碳排放量。实线代表历史实际排放，虚线代表预测排放

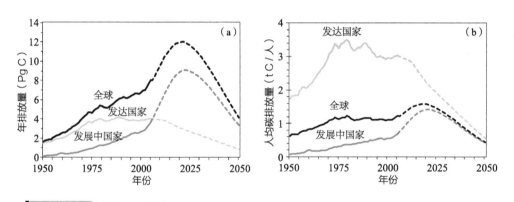

图 5-7 情景 C 预测结果
（a）年排放量：（b）人均碳排放量。实线代表历史实际排放，虚线代表预测排放

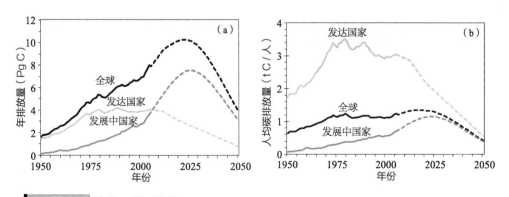

图 5-8 情景 D 预测结果
（a）年排放量；（b）人均碳排放量。实线代表历史实际排放，虚线代表预测排放

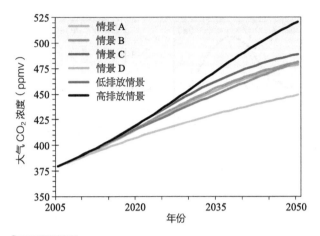

图 5-9 不同情景下未来 45 年大气 CO_2 浓度的预测

及重工业调整的长周期性，出现这种碳排放模式的可能性极小，甚至不存在。但即便如此，在"G8 目标"下，2006~2050 年发展中国家的人均碳排放量仍一直低于发达国家水平，其人均累计排放量仅为发达国家的一半左右。而历史上（1850~2005 年），发达国家的人均累计排放量已是发展中国家的 12 倍，严重侵占了发展中国家的排放权。"G8 目标"不仅延续了历史时期的排放不平等，而且会进一步加剧未来排放的不平等，是发展中国家所坚决不能接受的。

（4）基于中国未来碳排放预测估算的发展中国家碳排放需求

基于我国未来碳排放的预测结果，以及未来中国碳排放占发展中国家排放比例一定的假设，对发展中国家的未来碳排放需求量进行了预测。研究表明，2050 年前中国碳排放最佳可能路径为：2035 年达到排放峰值，排放量为 2.4~4.4Pg C；2050 年排放量为 2.4~3.3Pg C；2006~2050 年累计碳排放量为 102~156Pg C（本书第 6 章）。假定未来 45 年中国排放量占发展中国家比例稳定在过去 10 年的平均水平（1995~2005 年平均比例为 36.9%），可以推算出发展中国家的需求排放量（图 5-10）：2035 年达到排放峰值，排放量为 6.4~12Pg C，人均排放量为 0.9~1.68t C/ 人；2050 年排放量为 6.5~9.0Pg C，人均排放量为 0.83~1.14t C/ 人；2006~2050 年的累计排放量为 275~422Pg C，人均累计排放量将增加 41~63t C/ 人。若假定发达国家仍按既定目标减排，则 2006~2050 年全球累计排放量为 387~534Pg C，相应地，2050 年的大气 CO_2 浓度达到 482~521ppmv （图 5-9）。

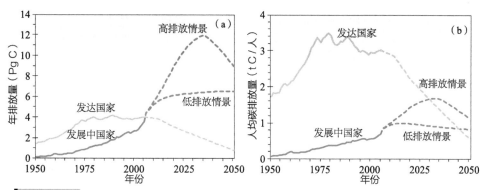

图 5-10　基于中国未来碳排放预测的 2006~2050 年发展中国家碳排放需求量
（a）年排放量；（b）人均碳排放量。实线代表历史实际排放，虚线代表预测排放

　　由图 5-11 可以看出，"G8 目标"下发展中国家的排放空间最多只能满足 2006~2050 年的低碳排放情景下的需求量。假定发展中国家在未来几十年内，采取积极的气候变化应对政策，对低碳经济发展充分投资，同时发达国家提供有效的技术和资金支持（本书第 6 章）。考虑到 4 种情景的设置条件极为苛刻，其发生的可能性极小，因此，这种低排放情景下的需求得到满足的可能性也极小。而高排放情景中所假定的发展中国家依其自身经济发展规律下的碳排放，实现的可能性较大。所以，"G8 目标"是以牺牲发展中国家所需要的相当一部分排放空间为代价的。按"G8 目标"，发展中国家至少短缺 1/3 的排放需求量。因此，"G8 目标"必将引起发展中国家阵营内部由于分解减排责任而发生利益冲突，从而导致发展中国家阵营的分化和瓦解。

　　此外，由图 5-10 看出，2050 年发展中国家碳排放量将是 2005 年的 2 倍左右。相应地，全球 2050 年的碳排放量将达到 7.3~9.8Pg C，是 2005 年的 92%~123%。因此，2050 年全球减排 50% 的目标是不现实的。

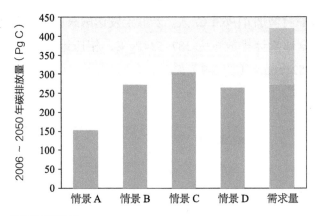

图 5-11 "G8 目标"下不同情景（情景 A~D）预测的
发展中国家碳排放空间与需求排放量的比较
图中灰色柱体表示高、低排放需求情景之间的差异

（5）结论

1）多种情景分析表明，"G8 目标"强制性地将发展中国家纳入减排框架，要求其承担减排责任，不仅阻滞了发展中国家的工业化进程，限制了发展中国家的社会经济发展，也将导致发展中国家阵营因分解减排责任而发生分化和瓦解。

2）"G8 目标"出台的依据缺乏可行性。本研究中的"最小排放情景"可以满足 IPCC 于 2007 年公布的 CO_2 浓度控制阈值，但这是不可能实现的，因为这个情景要求全球所有国家自 2005 年开始均匀减排至 2050 年，且满足 2050 年全球减排 50% 的目标。

3）就总排放而言，"G8 目标"将剥夺发展中国家正常经济发展所需要的排放空间。情景预测结果表明，发展中国家即便遵从极为苛刻的排放路径，"G8 目标"也不能满足其排放需求，且在"G8 目标"约束下，至 2050 年，发展中国家将短缺 1/3 以上的排放需求量。

4）就人均碳排放而言，"G8 目标"将导致发展中国家与发达国家之间严重的不平等。历史上，发达国家的人均累计排放量已是发展中国家的 12 倍，严重侵占了发展中国家的排放权。而在"G8 目标"下，2006~2050 年发达国家的人均累计排放量将继续高于发展中国家，是后者的 2 倍（分别为 81t C/人和 40~47t C/人），致使历史上的排放不平等进一步加剧。

5.2.2　"国际碳减排分配和国家发展权"减排方案

（1）应对气候变化的原则和发达国家与发展中国家的分歧

《联合国气候变化框架公约》第三条第一款规定，"各缔约方应当在公平的基础上，并根据它们共同但有区别的责任和各自能力……保护气候系统……"。公平原则是该公约应对气候变化责任分摊的基本原则，而"共同但有区别的责任"和"各自能力"则是在进行减排额度分配时应遵循的具体原则。

公平原则的伦理基础是，全球气候变化使得向大气中排放温室气体的额度成为一种稀缺资源。根据普世人权的理念，地球上每个个体享有这种资源的权利是平等的，即向大气中排放温室气体的额度应该在地球所有人之间进行公平的分配，表现在国家层面上就是各国人均排放相等。尽管发展中国家和发达国家都接受这一理念，但发达国家仅仅认可现时人均排放相等这一点，而不愿意对历史上人均排放的不均等进行补偿。与之相反，发展中国家则认为必须实现人均历史累计排放的均等。在人类造成气候变化问题的伦理认识上，发达国家和发展中国家也有不同（Müller，2002）。发达国家倾向于认为气候变化是人类社会作为一个整体对自然界造成的伤害，要修复这种伤害，人类社会作为一个整体需要付出代价，而发达国家和发展中国家之间的减排额度分配只是在修复对自然界伤害过程中需要加以解决的一个问题而已。而发展中国家则倾向于认为气候变化首先是人类社会内部的不公平问题，发达国家在实现工业化的过程中排放了大量的温室气体，人为造成的气候变化首先对发展中国家造成了危害，并且危害程度与发展中国家本身的责任不成比例。因此，发展中国家认为，人类社会内部的公平问题是应对气候变化需要解决的首要问题。

针对应对气候变化认识的分歧导致了发达国家和发展中国家在气候谈判中的分歧。在以减排为目的的气候变化谈判中，发达国家强调"共同责任"，希望实行包括发展中国家在内的全球减排，而发展中国家强调"有区别的责任"，认为历史上碳排放的积累主要是由发达国家造成的，发达国家应该首先付出实际行动，并对发展中国家的历史低排放进行适当补偿，使之不阻碍其正当的经济和社会发展。

因此，发达国家所提出的减排方案，无一例外强调"共同责任"，要求发展中国家承担强制性减排目标，这对发展中国家是不公平的。如"紧缩趋同"（contraction & convergence）方案仅仅着眼于实现发达国家和发展中国家人均排放量的现实趋同，置历史上两者巨大的排放不公于不顾[①]；G8方案看似没有为发展中国家制定强制性目标，但前文分析指出，它实际上不仅默许了发达国家和发展中国家历史排放的不公，还将使得这种不公在未来进一步加剧。

与发达国家相反，发展中国家强烈要求严格基于公平理念和人人享有均等碳排放权的原则，要求实现人均历史累计排放均等，即按照人均历史累计排放均等的原则界定国家责任和分配未来的碳排放配额。只有这样才能真正实现公平，保证发展中国家的发展权益。发达国家和发展中国家在碳排放分配问题上的巨大分歧，是导致气候变化谈判进展艰难的根本原因。

（2）温室气体发展权方案及其局限

为了兼顾发达国家与发展中国家的利益诉求，美国地球岛屿研究所（Earth Island Institute）和瑞典斯德哥尔摩环境研究所（Stockholm Environment Institute）从《联合国气候变化框架公约》"共同但有区别的责任"和"各自能力"原则出发，提出了"温室发展权"减排方案（greenhouse development right，简称"GDR方案"）（Baer et al., 2008）。该方案的基本思路是使得公约的基本原则具备可操作性，通过分别对不同国家的历史责任和减排能力进行量化，基于综合的责任和能力指标（responsibility-capacity index，RCI），计算各国承担全球减排量的比例。GDR方案是一种基于减排的碳排放分配方案。

GDR的目标是在确保不发达人群基本发展权的前提下实现对气候系统的保护，即同时实现发展和保护气候系统的目标。GDR方案从个人而非国家出发确定减排额度，国家所需承担的减排额度是该国所有国民承担的减排额度之和。

GDR方案首先确立了一个基本理念，即为了满足个体基本生存和发展需求，

---

①根据WWF的一份报告（Höhne and Moltmann, 2009），在"紧缩趋同"（contraction & convergence）方案下，1990~2005年附件I国家人均累计排放将是非附件I国家的3倍以上，而1990年前发达国家人均累计排放为发展中国家的16倍（本书第2章）。

需要某一基本的收入水平（称为发展阈值），这一收入水平对应着一定的碳排放需求。用于满足基本生存和发展需求的收入不计入减排能力，同时其对应的排放不计入排放责任。这样，根据一国的收入分布曲线，以处于发展阈值以上的收入部分计量该国减排能力大小，而该收入对应的碳排放累计量则作为该国历史责任大小的计量。实践中，GDR 方案首先定义个人发展阈值（以人均收入为指标），然后计算处于该基准收入以上人群的总财富量和历史累计碳排放量（自1990 年开始），作为减排能力和历史责任的大小。根据减排能力和历史责任占全球的比例，最终确定各国需承担的全球未来减排量。

由于 GDR 方案维护了基本的公约原则，考虑了人类的基本发展需求，并在一定程度上体现了公平性，因此同时受到了发达国家和发展中国家学者的关注。许多国家的研究机构和学者基于 GDR 方案提出了类似方案。例如，南非开普敦大学能源研究中心考虑人类发展指数等因素，对 GDR 方案中减排能力的度量方法做了改进，并以此改进方案计算了发达国家 2020 年减排 40%的责任分配结果。南非将该结果提交 UNFCCC，作为对《京都议定书》附件Ⅱ"发达国家量化减排目标"的修正提案。另外，菲律宾也基于类似的分配方案，提交了一份修正方案。我国学者也对 GDR 方案做了改进，增加了历史责任（自1850 年开始）的计算区间并将碳汇纳入计量，作为全球未来减排的方案之一（樊纲和曹静，2008）。

此外，美国普林斯顿大学环境研究所发展了 GDR 方案基于个人的责任认定方式（Chakravarty et al.，2009），通过定义全球统一的碳排放阈值，确定全球减排人群及国家减排责任。该方案被美国《时代》杂志评选为 2009 年度 50大发明之一，位于第 12 位。然而，事实上，该方案没有考虑历史排放责任，背离了"共同但有区别的责任"原则。此外，该方案的执行只要求高排放人群的排放量降至最大排放阈值，并没有对低排放人群的较低历史排放进行补偿，结果是高排放的发达国家继续享有较高的排放权。因此，该方案是发展中国家所不能接受的。

GDR 及其改进方案的基本出发点都是基于个人收入，根据个体收入分布曲线或个体排放分布曲线确定需要承担减排责任的人群及其责任大小。因此，即使一国平均收入处于基准收入水平之下，该国富裕人群中收入位于基准水平之上的部分也仍然需承担减排责任。因此，这对很多贫穷的发展中国家不利也不公平。事实上，GDR 方案仅对高收入人群高于基本需求的那部分排放计算责任，而未对低收入人群没有能力实现的基本需求排放进行补偿，这在一定程度上默许了现实排放的不公平。此外，GDR 对于历史累计排放的计算仅从 1990 年开始，而发达国家碳排放的大规模增加实际上始于 1850 年，发展中国家 1990 年后增加比较迅速。从 1990 年计算显然对发达国家更为有利。上述几点是 GDR 方案的局限，也是 GDR 方案难以被发展中国家接受的原因。

（3）国家发展权方案

为了弥补已有温室气体发展权方案的不足，我们在其基础上进行改良，提出了国家发展权（national development right，NDR）方案。与温室气体发展权方案类似，国家发展权方案也致力于寻求发达国家和发展中国家都能接受的折中方案，在满足发展中国家发展需求的前提下保护地球气候系统。不同于温室气体发展权方案的是，国家发展权方案以国家为基础计算减排义务，用国家人均 GDP，而非个人收入来衡量基本发展需求，如果一国人均 GDP 低于发展阈值，那么该国能够用于碳减排的能力为零，该国的碳排放不计入排放责任。

在国家发展权方案中，一国（k 国）所需承担的全球减排份额的比例（proportion，P）为

$$P_k = \alpha_1 C_k + \alpha_2 R_k$$

其中，

$$C_k = G_k / G$$
$$R_k = E_k / E$$
$$E_k = \sum_{i \geqslant 1990} E_{ki} + \beta \sum_{i < 1990} E_{ki}$$

式中，C_k 和 R_k 分别表示 k 国相对减排能力（capability，C）和相对历史责任（responsibility，R）；G_k 和 E_k 分别表示 k 国满足基本生活需求以外的 GDP 量和碳排放量，其中 GDP 量为当年量，而碳排放量为累计量；G 和 E 分别表示全球满足基本生活需求以外的 GDP 总量和碳排放总量；α_1 和 α_2 分别表示减排能力和历史责任的权重系数，$\alpha_1 + \alpha_2 = 1$。E_k 的计算分别考虑了 1990 年之前及以后的排放，并对 1990 年前碳排放责任赋予一定权重 β，其取值在

0~1。这里，1990 年以前的碳排放责任权重较小，主要是考虑到在这之前，国际社会还没有充分认识到碳排放对气候变化的影响，此外，该年度也是 UNFCCC 谈判达成共识的年份。

依据国际惯例，给出发展阈值对应的基准人均 GDP，并需要考虑不同历史阶段的差异。这里，我们首先确定了基准人均 GDP 作为 2009 年的发展阈值，与 GDR 方案类似，我们采用 7500 美元作为 2009 年的发展阈值[①]。2009 年以前和 2009 年以后的发展阈值根据全球人均 GDP 的增长幅度进行调整，即使得发展阈值与全球人均 GDP 的变化保持同步。根据数据的可获取程度，我们以 1900 年为起点，计算减排能力和历史责任（同之前 GDR 的起始点一样）。

根据国家发展权方案，我们计算了 2010~2030 年发达国家（附件 I 国家）和发展中国家（非附件 I 国家）所需承担的减排量，展示于图 5-12。2℃排放路径的选取使得 2050 年全球增温仅有 25% 的概率超过 2℃（Meinshausen et al.，2009）。基准情景（business as usual，BAU）下的碳排放为利用国际能源署（International Energy Agency，IEA）的 2030 年前基准情景排放

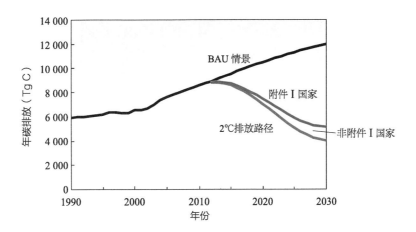

图 5-12 2010~2030 年国家发展权方案下的发达国家和发展中国家逐年减排量
黑色曲线和红色曲线间的空间为全球减排量，黑色曲线和蓝色曲线间的空间为发达国家（附件 I 国家）承担的减排量，蓝色曲线和红色曲线间的空间为发展中国家（非附件 I 国家）减排量

①考虑到原始 GDR 方案所使用的数据，我们采用 2005 年购买力平价（PPP）美元计算。

增长率和 1990~2006 年 CDIAC 碳排放数据外推而得。其中，2009 年的发展阈值选取 7500 美元；$\alpha_1=\alpha_2=0.5$，即减排能力和责任的权重相同；$\beta=1$，即充分考虑 1990 年前的历史排放责任。

由图 5-12 可以看出，根据国家发展权方案，2010~2030 年全球减排量大部分都将由附件 I 国家承担（占 86%）。非附件 I 国家由于人均 GDP 较低、历史累计排放责任较少，仅承担了全球减排量的 14%。图 5-13 给出了主要国家（集团）2010~2030 年的减排量。可以看出，附件 I 国家减排义务的绝大部分由美国（36%，占全球减排量比例，下同）、欧盟 27 国（30%）、日本（7%）和俄罗斯（6%）承担；发展中国家中，中国、印度、巴西、南非由于人均 GDP 较低，承担的减排义务较少。实际上，发展中国家的减排义务主要由上述国家以外的其他附件 I 国家承担（联合承担 12%），如韩国、阿联酋、伊朗、阿根廷、墨西哥等。

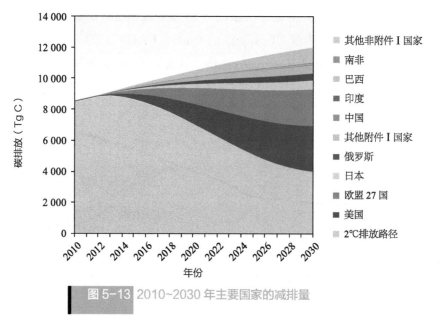

图 5-13 2010~2030 年主要国家的减排量

相对于温室气体发展权方案，国家发展权方案在以下两方面进行了改进。

国家发展权方案将 GDR 方案中的发展阈值用人均 GDP 衡量而非某一收入水平衡量，充分反映了贫穷发展中国家的整体经济能力。GDR 方案以收入水平作为是否承担减排义务的标准，只要个人收入在发展阈值以上，就必须承担减排义务，而不论其属于哪个国家。因此，即便是人均 GDP 很低的贫穷发展中国家，只要该国部分居民的收入高于发展阈值，该国就必须承担减排义务。GDR 方案旨在实现全球水平上个人排放权的公平，但其并没有对收入低、当下还没有能力实现较高排放的人群进行任何补偿。而国家发展权方案以国家人均 GDP 作为衡量是否承担减排义务的标准，只有人均 GDP 高于发展阈值的国家才需要承担减排义务。因此，国家发展权方案通过在国家水平上豁免该国高收入人群减排义务的方式对低收入人群当下还无力实现的碳排放进行了补偿。虽然这与人均历史排放均等的基于配额分配的方案相比，牺牲了发展中国家的部分利益，但总体来看在保护发展中国家利益上却比 GDR 更胜一筹。

另外，国家发展权方案通过设置相应的权重系数，成功地将历史累计排放（1990 年以前）纳入了责任的计算框架。在国家发展权方案实施过程中，共有发展阈值、能力和责任的权重系数，以及历史排放责任权重系数需要通过谈判解决，使得这一分配方案具有非常大的灵活性，能够使国际减排分配的谈判既具有伦理基础和科学基础，又能够有足够的空间供相关利益方充分协商，从而维护自身权益。

5.3　结语

分配和控制全球未来 CO_2 排放主要有两种手段：配额和减排。配额的基本思想是人人享有平等的排放权，减排则强调控制碳排放至某个水平。发展中国家强调历史责任，更倾向于前者；而发达国家则强调现时减排，回避历史责任。

本章针对两种方案的思想和内容进行了较详细的分析。

首先，我们考虑一种理想的公平情形，即未来一段时间内，在发达国家积极减排的同时，发展中国家迅速增加碳排放并随后减排，最终实现与发达国家的人均累计排放量和现时排放量均相等，即所谓的"两个趋同"原则。然而，分析表明，该情形下大气 CO_2 浓度将远远超过可承受的范围，因而是不可能实现的。这是配额的一种极端情形，只考虑公平原则，却没有对排放总量进行限制。因此，我们进一步考虑在控制全球 2050 年大气 CO_2 浓度为

450ppmv 目标下，基于"人均累计排放量"相等的配额。在这种配额之下，大多数发达国家目前已超出其 2050 年的配额量，即未来 40 年不但不能继续排放，还需付出行动弥补历史高排放。因此，该方案也较难在实际中执行。

其次，我们关注碳减排方案，并对 2009 年意大利八国集团峰会上提出的 G8 全球减排方案开展了情景分析。结果表明，G8 全球减排方案将进一步加剧发达国家和发展中国家历史排放的不公平，限制发展中国家的发展权益。之后，我们对一种较为折中的减排方案——"温室气体发展权"方案的内涵做了分析，并指出其局限性，最终发展了更为公平合理的"国家发展权"方案。该方案从历史排放责任和承担减排的能力两方面对不同国家所需承担的减排额度进行分配，在分配时将 1990 年前的历史排放纳入考虑范围，从而对不发达国家的历史低排放进行适当补偿。

我国未来
碳排放预测

岳　超　郑天立　王少鹏　朱江玲　方精云

减排是国际社会关注的问题，也是当前气候变化谈判的焦点，本书第4章和第5章已经就国家贡献排放量及国家配额进行了分析，尽管存在发达国家与发展中国家间的争论，但是全球碳减排仍需要达到总体的共识和努力。因此，从1992年签订《京都议定书》以来，到后来的巴黎谈判，国际社会对于减排方案的研究和制定从未停止过。

在2009年的意大利八国集团峰会上，G8国家首次提出了全球减排目标，试图将发展中国家纳入减排框架。2009年12月在丹麦哥本哈根召开的全球气候变化大会，曾致力于达成全球碳减排共识与目标。在这样的国际形势下，发展中国家迫切需要明确削减碳排放对社会经济发展的可能影响，从而在国际谈判中维护自身利益。

2009年12月，中国政府在哥本哈根气候变化会议上承诺（以下简称"哥本哈根承诺"），中国2020年单位国内生产总值（GDP）CO_2排放量将比2005年下降40%~45%。"十二五"规划提出，2010~2015年单位GDP CO_2排放（即碳排放强度）将降低17%（以下简称"'十二五'目标"）。2014年11月12日，中国在《中美气候变化联合声明》中，承诺在2030年前后达到峰值，且将努力早日达峰（以下简称"2030年碳排放达峰"）。这是中国首次提出碳排放峰值年份的目标。最近，中国在向联合国递交的《强化应对气候变化行动——中国国家自主贡献》[①]（以下简称"《中国国家自主贡献》"）文件中进一步强调了该目标，同时计划2030年的碳排放强度与2005年相比，下降60%~65%（以下简称"INDC目标"）。

于2015年举行的巴黎谈判进一步明确了各国的减排任务（Tobin，2015）。本章在分析中国不同减排目标下碳排放路径的基础上，探讨了该减排路径达到峰值的年份及最终排放空间，这将关系到我国近期一系列的经济行为。

---

① http://politics.people.com.cn/n/2015/0630/c70731-27233170.html

6.1 中国碳排放驱动因子分析

6.1.1 碳排放驱动因子分析的原理和方法

碳排放是整体经济活动的环境后果之一。工业革命以来经济发展的显著特点是依赖大量的化石能源消耗，而在市场经济中，各种原材料、产品和服务，特别是能源的生产和消费都是一个个独立市场主体经济决策的综合作用结果。因此，化石能源碳排放也是众多经济决策的综合结果。

就预测和控制碳排放、进而减缓气候变化的角度而言，更加需要理解碳排放的驱动因素，以便在宏观层面管理一个经济体的碳排放。目前，对于碳排放增长驱动因素的分析多采用所谓的指标分解方法，即将分析对象的变化分解为几个因素变化的叠加作用。这一方法源于 20 世纪 70 年代由 Ehrlich 和 Holdren（1971）提出的 IPAT 恒等式（IPAT identity）。

该恒等式后来经过扩展，广泛应用于碳排放驱动因子的分析（York et al., 2003）。通过简单的数学恒等变换，IPAT 恒等式将经济活动的环境后果分解为三个简单因素相互作用的乘积，分别是人口、富裕程度和技术水平，具体表达式如下：

$$\text{impact} = \text{population} \times \text{affluence} \times \text{technology} \tag{6-1}$$

式中，impact 是环境后果（如污染排放量），population 是人口，affluence 是富裕程度，technology 是技术水平。其中，人口和富裕程度是导致环境后果增加的绝对因素，人口越多、富裕程度越高，需要消耗的资源越多；相应地，产生的废物和污染排放也越多。技术水平一般是降低环境后果的因素，通常随着经济发展水平逐渐提高，生产单位产出所需的资源也会减少，由此，环境影响也会下降。最终，经济的整体环境影响取决于三者的综合作用。如果技术进步不足以弥补人口增加和富裕程度提高对于环境影响的增加，则经济发展的环境后果将逐渐加重，反之，则可以在保持经济增长的同时，稳定甚至降低环境污染。

在 IPTA 恒等式中，对于技术的理解不应仅限于通常意义上的技术，即生产单位产出所需要的原材料投入或生产某种产品科技水平的高低，而应从能否对环境产生影响的角度理解广义的"技术"。在这种意义上，技术的含义包括了产业结构，生产单位产品的原材料消耗，能够对环境产生影响的社会组织、制度、文化以及消费习惯等。正是广义的技术进步导致了环境库兹涅茨曲线的存在，即环境污染程度随经济发展呈先增加后下降的趋势；经济发展到一定阶段时，产业结构向污染更少的服务性产业转移，原有工业也以更加高效、低污染的方式运转，共同导致了环境污染程度的下降。

后来，IPAT 恒等式被不断完善和拓展，出现了许多以 IPAT 恒等式为基础的被称为"分解研究"的实证分析，Kaya 恒等式（Kaya，1990）就是其中之一，并在温室气体排放研究中得到了广泛应用。

Kaya 恒等式的表达式为

$$C = P\left(\frac{G}{P}\right)\left(\frac{E}{G}\right)\left(\frac{C}{E}\right) = Pgec \qquad (6\text{-}2)$$

式中，C 表示碳排放；P 表示人口；G 表示 GDP；E 表示一次能源消费；$g=G/P$，表示人均 GDP；$e=E/G$，表示 GDP 能源强度；$c=C/E$，表示能源碳排放强度。将 e、c 合并成 GDP 碳排放强度（$h=C/G=ec$），即单位 GDP 的碳排放量，则得到：

$$C = P\left(\frac{G}{P}\right)\left(\frac{C}{G}\right) = Pgh \qquad (6\text{-}3)$$

Raupach 等（2007）利用 Kaya 恒等式分析了全球及不同国家（集团）和地区 1980~2004 年的碳排放驱动因子，发现 1998~2004 年全球人口和人均 GDP 持续增长，而 GDP 能源强度和能源碳排放强度持续下降，但 2002 年后全球 GDP 能源强度和能源碳排放强度有所回升，人口、人均 GDP 和 GDP 能源强度是影响全球碳排放增长的最主要因素。

6.1.2　中国的碳排放驱动因子

我们利用 Kaya 模型分析了 1980~2010 年中国碳排放的驱动因子，利用《中国统计年鉴》及《中国能源统计年鉴》获得了人口、GDP（按 2005 年价格计算）、一次能源消费及其构成等基本数据（国家统计局能源统计司和国家能源局综合司，2012；中华人民共和国国家统计局，2011）。利用第 1 章中的碳排放数据，我们计算了 1980~2010 年历年的人均 GDP、GDP 能源强度和能源碳排放强度，并以 1980 年的值为基础，计算了人口、人均 GDP、GDP 能源强度和能源碳排放强度相对于 1980 年的值，如图 6-1 所示。

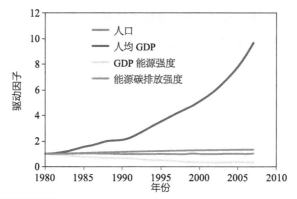

图6-1 1980~2010 年中国碳排放增长的驱动因子变化
1980 年的值为 1

1980~2010 年我国能源碳排放强度的变动幅度很小，这与煤、石油、天然气等化石能源为主导的能源供应格局长期未改变有关。能源构成方面，煤炭一直是中国能源消费的主要能源种类，过去 30 年间煤炭占能源消费比例保持在 70% 左右（1978 年的 70.7% vs. 2008 年的 68.7%，2002 年时最低值为 66%），天然气和石油比例变化不大，水电、核电、风电等可再生能源 2008 年的比例达到了 8.9%。在此期间，我国人口增长了约 35%，对碳排放增加具有较大贡献。人均 GDP 的增长和 GDP 能源强度的持续下降是过去 30 年来中国碳排放变化的最大驱动因子。尽管 1980~2010 年间我国的 GDP 能源强度下降了约 70%，但是我国人均 GDP 增长了约 11 倍，其综合效应是碳排放增长了约 3.7 倍。

能源强度下降可以分解为两种因素作用的结果，即能源效率的提高和产业结构变化。多数研究已经证实，1980 年以来的中国能源强度降低主要是由能源效率提高导致的（占 70%~80%），而产业结构调整效应贡献较小（占 20%~30%）（Huang，1993；Sinton and Levine，1994；Lin and Polenske，1995；Lin，1996；Sun，1998；Garbaccio et al.，1999；Zhang，2003；Fisher-Vanden et al.，2004；齐志新和陈文颖，2006；Liao et al.，2007）。2002~2005 年中国能源强度出现反弹，则主要是由结构效应导致的（齐志新和陈文颖，2006；Liao et al.，2007）。

但与发达国家相比，我国能源强度仍然较高（见第 2 章）。一方面，由于我国经济发展起步晚、生产技术水平落后；另一方面，国内长期以来对于能源价格的管制政策也是重要原因（金三林，2007；IEA，2007；茅于轼等，2009）。中国政府将确保能源供应作为维护社会和谐稳定的重要内容（Wang，

2008），长期以来为国内能源消费提供数百亿美元的补贴（IEA，2007），这种巨额补贴扭曲了能源的价格。由于安全、环境等标准过低或执行不力，以及电价管制造成的对于电力的过度需求，导致煤的价格低于其真实成本（茅于轼，2008），间接导致了煤的过度消费。

工业化、城镇化和出口贸易是中国经济增长的最主要动力（World Bank，2007），也是能源消费迅速增加的主要原因（Peters et al.，2010）。通过对1994~2010年我国不同经济部门能源消费的比例分析（国家统计局能源统计司和国家能源局综合司，2011，2008），可以看出制造业是最大的能源消费部门，约占总能源消费的57%；工业（采掘业、制造业、电力/煤气/水的生产和供应业）占总能源消费的比例稳定在70%左右；第三产业（交通运输、商业餐饮、生活消费、其他行业）占总能源消费的比例在17%~25%，其中交通运输和商业餐饮比例逐渐上升，而生活消费比例逐渐下降；第一产业（农业）占总能源消费比例低于5%，并呈较为明显的下降趋势。

我国现有的能源消费依然以煤炭石油消费为主，是造成碳排放总量大、增长快的主要因素。此外，我国仍处于工业化发展阶段，采掘制造业等是我国碳排放的主要贡献行业。自改革开放之后，我国工业迅速发展，所带来的碳排放增加效应愈发明显。

图6-2显示，1994~2002年制造业能源比例略有下降，而在2002年后逐年上升。这说明2002年可能是碳排放驱动因素改变的节点。已有结果也表明，1998~2002年工业能源强度呈下降趋势，其对工业碳排放的影响为减少效应；而2002~2005年工业能源强度则为上升趋势，对碳排放影响为增加效应，其带来的碳排放增加占2002~2005年工业碳排放增量的28%（Liu et al.，2007）。

因此，人均GDP增长和能源强度（或碳排放强度）下降是影响中国碳排放的最重要因素（Wang et al.，2005；Wu et al.，2005），人均GDP增长导致碳排放的增加，而能源强度（或碳排放强度）下降导致碳排放的减少，前者的作用超过了后者。此外，人口规模、生产结构变化、消费结构变化、能源结构对碳排放也有影响。随着工业化的进一步发展，如2002年之后，我国对生产结构进行了大规模的调整，制造业占GDP的比例大幅上升（由2002年的38%上升为2005年的46%）（Guan et al.，2009）。生产结构变化导致的碳排放增加效应超过能源强度下降的减少效应，成为导致中国碳排放2002年快速增加的第二大贡献因素（仅次于人均 GDP）。

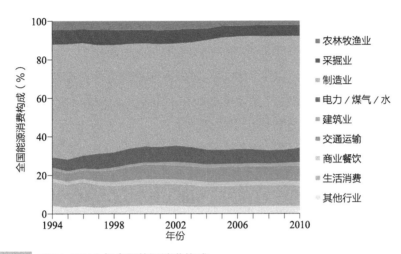

数据来源：《中国能源统计年鉴》，1997~1999/2004/2008/2011
第一产业为农业；第二产业包括工业和建筑业，工业包括采掘业、制造业以及电力 /
煤气 / 水的生产和供应业；交通运输、商业餐饮、生活消费和其他行业列为第三产业

6.2 基于 GDP 目标和我国碳排放强度历史变化的预测

预测碳排放的主要目的是探讨未来各种人口、经济和技术情景之下可能的
碳排放路径，并根据预测结果对大气二氧化碳浓度增加所导致的全球变暖及其
后果进行评估，以制定减缓碳排放和气候变化的合理对策，同时对不同政策（碳
税、补贴、碳排放交易、碳排放标准）的有效性及其成本进行估算，以期寻求
碳排放增加导致的损失和减少碳排放所需成本之间的最佳平衡点。

碳排放的预测主要依赖于模型及情景。前已述及，在市场经济条件下，碳
排放是众多独立经济主体分散决策的经济活动最终导致的环境后果，由经济活
动到最终碳排放之间的中间环节非常复杂。然而要预测碳排放，必须把握这些
环节中的关键过程并将其量化，这就构成了模型。情景是对能够影响碳排放的
未来社会、经济、环境、能源、产业构成等可能的发展路径的描述。情景构成
了模型的输入参数，模型输出的结果则是碳排放及其他相关因子的预测值。一
般而言，需要根据对未来不同发展模式的预测，将情景先划分为几组定性描述

情景，再根据定性描述给出模型模拟所需参数的定量值进行模拟。

国内对碳排放预测进行的研究，大体分为利用简单模型与复杂模型两类。Kaya 模型实质上是一种定量的简单实证模型，也有利用整合经济及环境政策、技术、产业发展等各个因素进行综合模拟的复杂过程模型，如国家发展和改革委员会能源研究所（以下简称国家发展改革委能源所）姜克隽等（2009）利用中国政策评价综合模型（Integrated Policy Assessment Model in China，IPAC 模型）对中国碳排放进行了预测。

本书中，我们基于我国经济发展状况和历史上发达国家碳排放变化规律，对我国 2050 年的碳排放进行了预测，并与其他碳排放预测结果进行了比较。

首先，基于我国经济发展目标（GDP 目标）和我国碳排放强度历史变化的规律，对我国 2050 年的碳排放进行了预测。20 世纪 80 年代以来，我国的 GDP 碳排放强度迅速下降，至 2000 年平均每五年下降约 20%。国家"十一五"规划（2006~2010 年）仍然将降低能源强度 20% 作为目标，参照这一历史规律和我国最近的规划，本研究假定 2005~2050 年我国 GDP 碳排放强度每五年降低 20%（"五年计划 1"），以此对我国 2050 年碳排放进行预测。此外，考虑到 2020 年左右及以后新能源等低碳技术很可能取得突破，而 2020 年前我国仍然处于重工业化阶段，碳排放强度降低幅度可能较小，我们设计了另一个五年计划情景，即"五年计划 2"情景：2020 年前 GDP 碳排放强度每五年降低 15%，2020~2035 年 GDP 碳排放强度每五年降低 20%，2035~2050 年 GDP 碳排放强度每五年降低 25%。

"五年计划 1"及"五年计划 2"情景中，未来的 GDP 数据采用姜克隽等（2009）根据我国中长期经济发展目标，即实施国家经济发展三步走战略，在 2050 年时经济达到目前发达国家水平而预测的 GDP 数据。为了计算人均碳排放，我们使用了美国人口调查局网站公布的中国 2050 年前人口预测数据。

基于 GDP 目标和碳排放强度历史变化预测所采用的情景汇总于表 6-1，预测结果展示于图 6-3 与附表 6（表 6-1 对预测的碳排放及碳排放强度进行了汇总）。

由图 6-3 可以看出，"五年计划 1"情景和"五年计划 2"情景的 2050 碳排放预测值相当一致。由于"五年计划 2"情景预测初期碳排放强度下降速度较慢，而后期较快，因此在 2006~2050 年整个时期内，"五年计划 2"情景的碳排放预测均高于同一年份的"五年计划 1"情景预测，前者排放峰值也明

表 6-1 基于 GDP 目标和碳排放强度历史变化的未来碳排放预测情景及参数

情景及参数	情景设定				
五年计划 1	GDP 碳排放强度 2005~2050 年每五年下降 20%				
五年计划 2	GDP 碳排放强度 2005~2020 年每五年下降 15%；2020~2035 年每五年下降 20%；2035~2050 每五年下降 25%				
GDP（千亿元，2005 年价）*	2005 年	2010 年	2020 年	2030 年	2040 年	2050 年
	183	291	650	1291	2100	2992
人口（亿）	13.06	13.48	14.31	14.62	14.55	14.24

* GDP 情景预测值摘自姜克隽等（2009）

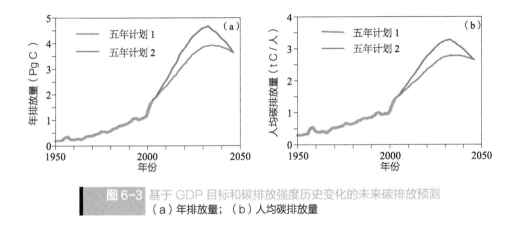

图 6-3 基于 GDP 目标和碳排放强度历史变化的未来碳排放预测
（a）年排放量；（b）人均碳排放量

显高于后者。表 6-2 对每种情景预测下的累计总排放、人均累计排放，以及排放峰值进行了总结。

表 6-2 不同情景预测下的累计总排放、人均累计碳排放以及排放峰值

情景	不同时期累计			峰值年份	峰值
	2006~2050 年	1850~2005 年	1850~2050 年		
累计总碳排放（Pg C）					
五年计划 1	139.0	26.0	165.0	2037 年	3.71
五年计划 2	155.9		181.9	2035 年	4.43
人均累计碳排放（t C/人）					
五年计划 1	95.9	24.5	120.5	2038 年	2.54
五年计划 2	108.7		133.2	2035 年	3.03

两种预测情景下的 2006~2050 年及 1850~2050 年累计总碳排放和人均累计排放，均为"五年计划 2"高于"五年计划 1"。2006~2050 年我国累计总碳排放为 139.0~155.9Pg C，人均累计碳排放为 95.9~108.7t C/ 人。"五年计划 2"预测的总碳排放和人均碳排放峰值均高于"五年计划 1"，峰值也早于"五年计划 1"。"五年计划 1"情景下，总碳排放和人均碳排放分别于 2037 年及 2038 年达到峰值，为 3.71Pg C/ 年及 2.54t C/ 人。"五年计划 2"情景下，总碳排放和人均碳排放均于 2035 年达到峰值，分别为 4.43Pg C/ 年及 3.03t C/ 人。

6.3　基于发达国家 GDP 碳排放强度的预测

6.3.1　基于 GDP 目标和发达国家碳排放强度历史变化的预测

第 2 章已经指出，发达国家碳排放强度达到峰值后随时间呈指数衰减趋势，不同国家的年衰减率分别为：美国 2.18%、德国 1.96%、英国 2.67%、日本 1.23%、俄罗斯以外的 G8 国家平均（后文中称为 G7 平均）为 1.54%。这一规律可用于预测我国未来碳排放强度的变化。我们假定，2050 年前我国未来碳排放强度的变化也遵循与发达国家类似的衰减过程，分别按照美国、德国、英国、日本及 G7 平均 GDP 碳排放强度达到峰值后的衰减过程，对我国未来碳排放的情景进行了预测。这一假定的依据是，基于与发达国家相似的资源禀赋和发展模式，未来我国的经济发展以及产业结构变化很可能类似于目前西方发达国家的历史路径。预测中的 GDP 数据仍然使用能源所姜克隽等（2009）的预测结果。

按照这一方法预测的未来我国碳排放情景展示于图 6-4。为便于与五年计划情景组的预测结果进行比较，将五年计划的预测结果也列于图 6-4 中。可以看出，基于 GDP 目标和发达国家 GDP 碳排放强度变化的预测结果中，2005~2050 年无论是排放总量还是人均排放量，都呈持续增加的趋势，且远远高于五年计划情景的预测结果。按照不同国家历史时期的碳排放强度，预测我国 2050 年碳排放总量为 8~14Pg C，人均年排放量为 5~10t C/ 人，这一水平不低于美国最高的历史人均碳排放记录。

但是，考虑到目前全球各国广泛采取的各种减排行动，并注意到我国当

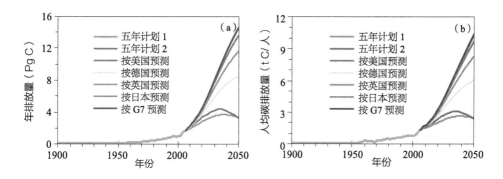

图 6-4 按美国、德国、英国、日本及 G7 国家平均 GDP 碳排放强度
衰减历史预测的我国未来碳排放
（a）年排放量；（b）人均碳排放量

前发展阶段比历史上发达国家相似阶段下拥有更加广泛的发展模式和技术选
择空间，因而我国极有可能发挥后发优势，在进行工业化时普遍采用比发达
国家历史同期更加节能高效的技术，因此实际上这一情景发生的可能性很小，
甚至没有。另外，在这一预测结果下，由中国及其他发展中国家驱动的全球
碳排放必然持续增加，气候变化导致的不可逆转的风险也使得这一预测成为
事实的可能性大大降低。因此，这一情景预测具有一定的探索意义，但因其
实现的可能性极低，在后文对不同预测结果的比较中将不再考虑。

6.3.2　基于 GDP 目标和 2050 年碳排放强度假定情景的预测

这一预测仍然假定中国的碳排放强度在 2050 年前呈指数衰减，但至 2050
年时碳排放强度降至发达国家 2005 年的水平。根据这一条件，我国碳排放强度
年均下降速率分别为 3.62%（按美国）、4.10%（按德国）、4.53%（按英国）、
5.27%（按日本）以及 4.10%（按 G7）。我们使用美国能源信息署（Energy
Information Administration，EIA）提供的 1980~2006 年世界各国的碳排放强度数
据（http://www.eia.doe.gov/environment.html）。图 6-5、表 6-3 和附表 7 中展示了
这一预测的结果。为便于比较，五年计划情景的预测结果也列于其中。表 6-3
中列出了不同情景预测下的累计总排放、人均累计排放以及排放峰值情况。

基于不同国家 2005 年碳排放强度值进行预测的结果差别较大。按美国碳

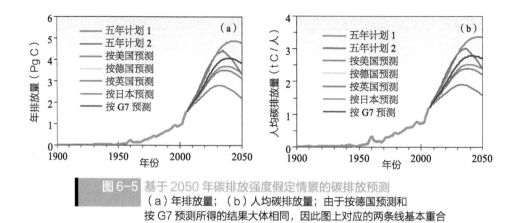

图6-5 基于2050年碳排放强度假定情景的碳排放预测
（a）年排放量；（b）人均碳排放量；由于按德国预测和
按G7预测所得的结果大体相同，因此图上对应的两条线基本重合

表6-3　不同情景预测下的累计总排放、人均累计碳排放以及排放峰值

情景	不同时期累计			峰值年份	峰值
	2006~2050年	1850~2005年	1850~2050年		
累计总碳排放（PgC）					
五年计划1	139.0		165.0	2037年	3.71
五年计划2	155.9		181.9	2035年	4.43
按美国预测	169.8		195.8	2044年	4.87
按德国预测	149.3	26.0	175.2	2039年	4.07
按英国预测	133.2		159.2	2036年	3.51
按日本预测	110.1		136.1	2032年	2.80
按G7平均	149.4		175.4	2039年	4.07
人均累计碳排放(tC/人)					
五年计划1	95.9		120.5	2038年	2.54
五年计划2	108.7		133.2	2035年	3.03
按美国预测	117.2		141.8	2046年	3.37
按德国预测	103.0	24.5	127.6	2040年	2.80
按英国预测	91.9		116.5	2037年	2.41
按日本预测	75.9		100.4	2032年	1.92
按G7平均	103.1		127.6	2040年	2.80

注：GDP情景预测值摘自姜克隽等（2009）

排放强度预测的总碳排放和人均碳排放最高，而按日本预测的最低，按德国、英国和 G7 平均值预测的介于两者之间，两个五年计划的预测大体介于按德国和英国的预测结果之间。根据不同预测结果，2006~2050 年累计碳排放总量为 110.1~169.8Pg C，人均累计碳排放为 75.9~117.2t C/ 人。

所有预测的总排放量和人均排放量都在 2030~2045 年达到峰值，由于人口因素的作用，人均排放达到峰值的年份略晚于总碳排放。不同预测中碳排放达到峰值的时间不同。按照人均碳排放达到峰值的时间先后顺序为：日本（2032 年）、五年计划 2（2035 年）、英国（2037 年）、五年计划 1（2038 年）、德国和 G7 平均（2040 年）以及美国（2046 年）。按日本预测结果的总碳排放和人均碳排放峰值最小，分别为 2.80Pg C/ 年和 1.92t C/ 人，而按美国预测的峰值最大，分别为 4.87Pg C/ 年和 3.37t C/ 人。

6.3.3　预测结果与中国碳排放配额的比较

本书第 5 章根据基于配额的全球碳排放分配方法，分别利用仅考虑化石燃料排放以及综合考虑化石燃料排放、土地利用变化和生态系统碳汇两种方法，在假定 2050 年大气二氧化碳浓度控制在 450ppmv 的前提下，计算了各国 1850~2050 年的碳排放配额（详见第 5 章）。

在基于碳排放强度五年计划及 2050 年碳排放强度假定情景的预测下，我国 2006~2050 年累计总碳排放为 110.1~169.8Pg C，将超过基于配额的排放空间。按照配额 1 的排放空间 106Pg C 计算，累计碳排放将超出配额 4%~60%；按照配额 2 的排放空间 83Pg C 计算，将超出配额 33%~104%。但考虑到 2050 年将二氧化碳浓度控制在 450ppmv 的可能性不大，因此，累计碳排放预测与排放配额间的比较还存在变化的余地。但无论何种情景下，1850~2050 年我国人均历史累计排放均为 100.4~141.8t C/ 人，仅相当于发达国家 1850~2008 年人均历史累计排放（257t C/ 人）的一半左右。

6.4 其他研究的预测

6.4.1 国家发展改革委能源研究所（2009）的预测

　　国家发展改革委能源研究所姜克隽、胡秀莲等在 2009 年出版的《2050 中国能源和碳排放报告》"中国 2050 年低碳发展情景研究"中，利用中国政策评价综合模型（IPAC 模型）对中国 2050 年的碳排放情景进行了研究。该研究的主要方法是综合考虑未来我国经济发展、人口增长、产业结构及增长、高耗能行业能耗变化、资源存量以及低碳技术的广泛利用程度等，利用模型综合评价、确定未来我国的能源需求，并进一步得出碳排放预测。

　　该研究使用了三种情景，分别是基准情景、低碳情景和强化低碳情景。基准情景假定中国不采用气候变化对策，主要的驱动因素是经济发展。低碳情景考虑在我国国家能源安全、国内环境保护、国外减排压力等因素下，通过国家政策所能够实现的自主减排和碳排放。低碳情景强调依托国内自身能力所能够实现的能源与排放情景，即假设中国在经济充分发展情况下对低碳经济发展有一定投入。强化低碳情景则主要考虑了在全球一致减缓气候变化的共同愿景下，在重大低碳技术成本下降更快、发达国家政策逐渐扩散到发展中国家的情景下，中国可以实现的进一步减排。强化低碳情景中，全球共同致力于实现较低的温室气体浓度目标，主要减排技术得到充分开发和利用，中国对低碳经济的投入更大。

　　该研究三种情景下经济增长的假设是相同的，即都基于国家中长期经济发展三步走的战略目标，2050 年中国经济达到目前发达国家水平。人口数据采用了国家卫生和计划生育委员会的人口发展情景，即 2030~2040 年中国人口达到高峰，为 14.7 亿人左右，2050 年下降到 14.6 亿人。三个情景所不同的是产业结构、产业能耗和对低碳技术的投入、开发及利用程度。

　　表 6-4、图 6-6 和附表 8 列出了国家发展改革委能源所对 2050 年中国碳排放情景的预测结果。表 6-4 中列出了不同情景预测下的累计总排放、人均累计排放以及排放峰值情况。

　　国家发展改革委能源所预测的三个情景中，2006~2050 年累计总碳排放为 90.9~134.2Pg C，同期人均累计排放为 63.8~93.8t C/ 人。基准情景排放最高，其碳排放自 2000 年后快速增加至 2045 年左右开始下降；强化低碳情景排放最低，

表 6-4　国家发展改革委能源所预测结果的累计总碳排放、人均累计碳排放以及排放峰值

情景	不同时期累计			峰值年份	峰值
	2006~2050 年	1850~2005 年	1850~2050 年		
总碳排放（Pg C）					
基准情景	134.2		160.2	2044 年	3.57
低碳情景	101.5	26.0	127.5	2046 年	2.41
强化低碳情景	90.9		116.9	2027 年	2.24
人均累计碳排放（t C/ 人）					
基准情景	93.8		118.3	2046 年	2.47
低碳情景	71.1	24.5	95.7	2050 年	1.69
强化低碳情景	63.8		88.3	2018 年	1.53

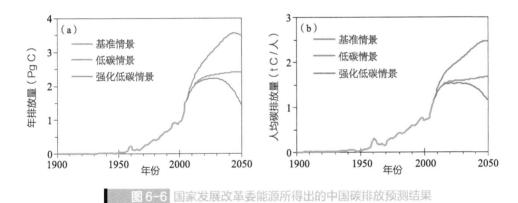

图 6-6　国家发展改革委能源所得出的中国碳排放预测结果
（a）年排放量；（b）人均碳排放量

碳排放自 2000 年后持续增加至 2025 年左右快速下降，2050 年时年排放量约为基准情景的一半；低碳情景介于二者之间，碳排放自 2000 年较快上升后至 2015 年左右以非常慢的速度缓慢增加，2050 年时碳排放量约为基准情景的 2/3。

　　基准情景和低碳情景中碳排放达到峰值的年份较晚，而强化低碳情景达到峰值的时间较早。基准情景中总碳排放和人均碳排放分别于 2044 年和 2046 年达到峰值，为 3.57Pg C/ 年及 2.47t C/ 人；低碳情景中总碳排放和人均碳排放分别于 2046 年和 2050 年达到峰值，为 2.41Pg C/ 年及 1.69t C/ 人，其排放峰值均小于基准情景。强化低碳情景中，总碳排放和人均碳排放达到峰值的年份分别为 2027 年和 2018 年，排放峰值为 2.24Pg C/ 年和 1.53t C/ 人。

6.4.2 国家《气候变化国家评估报告》的预测

《气候变化国家评估报告》是我国以国家评估报告的形式，全面综述我国气候变化的历史和未来趋势，气候变化的影响与适应以及减缓气候变化的社会经济评价。该报告旨在总结我国气候变化科学领域的研究成果，为我国科学应对气候变化挑战、合理制定国内中长期社会经济发展战略、积极参与国际气候变化有关行动提供科学支撑。报告第二十二章"中国减缓碳排放的宏观影响评价"中，在回顾当时国内有关研究的基础上，基于 GDP 预测、GDP 能源强度和能源碳排放强度预测对我国 2050 年碳排放情景进行了预测。预测结果见表 6-5。

表 6-5　《气候变化国家评估报告》的中国碳排放预测

项目	2000 年	2020 年	2050 年
GDP（千亿元，2000 年价）	89	358	1459
碳排放（Pg C）	0.82	1.64	2.03
人均碳排放（t C/ 人）	0.65	1.15	1.30
GDP 碳排放强度（kg C/ 万元，2000 年价）	919	459	145

6.5　不同研究碳排放预测结果的比较

为了对中国未来碳排放预测进行更为全面的估计，综合不同预测结果，提出未来最佳可能预测范围，我们将以上所有研究的预测结果汇总于图 6-7。

根据不同研究的预测结果，2020 年总碳排放预测结果的变动幅度为 1.64~3.34Pg C/ 年（C~A2），人均碳排放变动幅度为 1.15~2.34t C/ 年（C~A2）；2050 年总碳排放变动幅度为 1.40~4.77Pg C/ 年（B3~A3），2050 年人均碳排放变动幅度为 0.98~3.35t C/ 年（B3~A3）。不同预测结果得出的数值为：2006~2050 年累计总碳排放为 90.9~169.8Pg C（B3~A3），人均碳排放累计为 63.8~117.2t C/ 人（B3~A3）。不同预测结果的总碳排放峰值为 2.24~4.87Pg C/ 年（B3~A3），人均排放峰值为 1.53~3.37t C/ 人（B3~A3）。

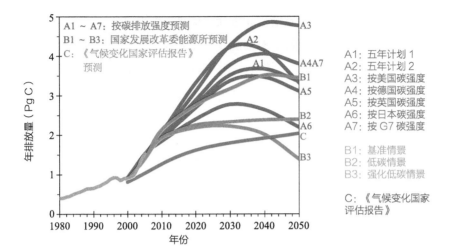

不同研究预测得出的 2050 年中国年碳排放量
不同字母表示不同来源的预测，字母后数字表示同一研究的不同情景。A. 基于 GDP
目标和碳排放强度预测；B.国家发展改革委能源所预测；C.《气候变化国家评估报告》
的预测。不同字母和数字所代表的情景详细描述见表 6-6

表 6-6　图 6-7 所使用的情景指标和参数

情景	研究	详细情景描述
A1	本研究	按照 GDP 碳排放强度 2005~2050 年每五年降低 20%
A2	本研究	按照 GDP 碳排放强度 2005~2020 年每五年降低 15%，2020~2035 年每五年降低 20%，2035~2050 年每五年降低 25%
A3	本研究	2050 年时中国 GDP 碳排放强度指数递减至美国 2005 年水平
A4	本研究	2050 年时中国 GDP 碳排放强度指数递减至德国 2005 年水平
A5	本研究	2050 年时中国 GDP 碳排放强度指数递减至英国 2005 年水平
A6	本研究	2050 年时中国 GDP 碳排放强度指数递减至日本 2005 年水平
A7	本研究	2050 年时中国 GDP 碳排放强度指数递减至 2005 年 G7 平均水平
B1	能源所	基准情景
B2	能源所	低碳情景
B3	能源所	强化低碳情景
C	《气候变化国家评估报告》	根据预测的 GDP、GDP 能源强度及能源碳排放强度

　　基于 GDP 目标和碳排放强度预测的结果普遍较高；基于《气候变化国家
评估报告》预测的结果偏低；基于能源所的预测结果中三个情景差别较大，其中基准情景预测较高，低碳情景和强化低碳情景预测较低。在所有预测中，基于《气候变化国家评估报告》的预测和国家发展改革委能源所低碳情景的预测在 2050 年前没有出现峰值，其余预测碳排放峰值大都位于 2030~2045 年。

基于 GDP 目标和美国碳排放强度（A3）情景的预测排放最高，至 2044 年时达到峰值，为 4.87Pg C。而 2005~2050 年的排放总量将为 169.8Pg C，远远超出第 3 章中所得出的中国的碳排放配额（在大气二氧化碳浓度控制在 450ppmv 的前提下，配额 1 为 102.77Pg C；配额 2 为 80.62Pg C）。如果假设配额 1 中 2020~2050 年的全球允许排放量按照年份平均分配的话，每年全球的排放空间为 5.05Pg C；而在 A2 情景下，中国几乎占据了全部的排放空间，这显然是不可能的。另外，A3 情景假设中国 2050 年时 GDP 碳排放强度达到美国 2005 年的水平，而实际上由于产业结构变化、可再生能源普及以及工业技术进步，中国未来发展可供选择的技术空间将远远大于历史上美国所面临的空间，加之目前美国的 GDP 碳排放强度即便在发达国家中也偏高，因此，我们认为 2050 年中国经济发展水平达到目前发达中等国家的水平时，GDP 碳排放强度降低到美国 2005 年的水平这一假设是偏于保守的。因此，A3 情景实现的可能性并不大，但可以作为我国未来碳排放的最大预测情景。

按碳排放强度预测的一系列结果中，假定我国 2050 年 GDP 碳排放强度降至日本 2005 年水平所预测的碳排放最低；按照德国和 G7 平均碳排放强度的预测结果大体相同；按照五年计划 2 预测的碳排放在 2040 年前高于按照德国和 G7 的预测，2040 年后低于后者；按照英国碳排放强度的预测结果则与按照五年计划 1 的预测结果非常相似。实际上，日本和美国分别代表了发达国家中碳排放强度的两个极端，G8 发达国家中，除俄罗斯以外（考虑到俄罗斯的经济转型历史以及较大的化石能源储量），日本的碳排放强度最低，美国的最高，而英国、德国居中。根据 EIA 的数据（http://www.eia.doe.gov/environment.html），2005 年日本碳排放强度是中国的 1/10，美国的一半，德国的 70%，英国的 82%。按照 GDP 碳排放强度 2050 年下降至发达国家 2005 年水平预测时，相当于碳排放强度的年下降速率为 3.62%（按美国）、4.10%（按德国）、4.53%（按英国）、5.27%（按日本）以及 4.10%（按 G7 平均）。而按照五年计划情景组的预测，2006~2050 年相当于碳排放强度的年下降速率为 4.37%，介于按照德国碳排放强度与按照英国碳排放强度之间。因此，按照五年计划情景组的预测，实际上是选择了发达国家中碳排放强度居中的水平。

在五年计划情景组的预测中，五年计划 2 情景初期碳排放强度下降较慢，而后期下降较快，这一情景设计的依据是目前我国正处于重化工业进程，因此短期内减少碳排放强度的幅度可能性较低，新能源技术和高能效技术在短期内又难以突破，因此，未来短期内碳排放强度降低幅度很可能较低，而未来远期下降幅度却可能较高。根据五年计划 2 情景，到 2020 年时，我国的碳排放强度将比 2005 年降低 39%，与不久前我国做出的 2020 年碳排放强度比 2005 年降低 40%~45% 的承诺非常接近。我们把五年计划 2 情景（A2 情景）作为未来碳排放最佳预测的上限。

国家发展改革委能源所（2009）预测的低碳情景强调依托国内自身能力所能够实现的碳排放减缓，并假设中国在经济充分发展的情况下对低碳经济发展有一定投入。这一情景的条件比强化低碳情景保守，其预测结果也高于强化低碳情景。根据预测结果，2050 年强化低碳情景下的碳排放为 1.4Pg C，与 2005 年的相同；低碳情景预测的碳排放为 2.41Pg C，比 2005 年高 70%。考虑到美国温室气体减排的远期目标是 2050 年时在 2005 年的基础上减排 83%，则根据强化低碳情景，2050 年时我国碳排放削减的幅度仅仅略低于美国，而我国目前新能源和清洁生产技术水平毫无疑问地落后于美国，因此，我们认为强化低碳情景的预测显著偏低，其实现的可能性非常小。低碳情景下，我国 2030 年左右的碳排放为 2.4~2.8Pg C，相当于配额 1 下全球年排放空间 5.05Pg C 的一半左右，具有一定的可实现性。所以，以低碳情景（B2 情景）的预测作为未来我国碳排放最佳预测的下限值。

另外，《气候变化国家评估报告》的预测过于偏低，其实现的可能性也非常小。根据其预测结果，2040 年时碳排放略低于 2Pg C，而根据荷兰环境评价署（Netherlands Environmental Assessment Agency）（2008）的估算，中国 2008 年的碳排放已经达到了 2.05Pg C。结合前面分析结果，我们认为强化低碳情景（B3 情景）可以作为未来我国碳排放的最小预测。

基于上述分析，A2 情景代表了我国未来碳排放最佳预测上限，B2 情景则代表了最佳预测下限，未来我国的碳排放很可能位于 B2~A2。而 A3 情景代表了我国未来碳排放的最大预测，B3 代表了最小预测。

图 6-8 给出了不同研究中我国未来人均碳排放预测结果。为便于比较，同

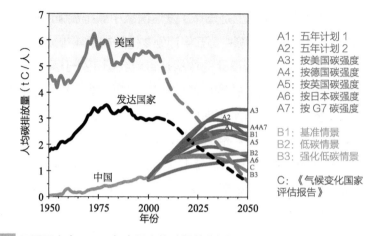

A1：五年计划 1
A2：五年计划 2
A3：按美国碳强度
A4：按德国碳强度
A5：按英国碳强度
A6：按日本碳强度
A7：按 G7 碳强度

B1：基准情景
B2：低碳情景
B3：强化低碳情景

C：《气候变化国家
评估报告》

图 6-8 不同研究中 2050 年中国人均碳排放预测

不同字母表示不同来源预测。图中同时给出 1950 年以来美国和发达国家人均排放历史
记录（实线），以及根据《京都议定书》"巴厘路线图"和 G8 峰会减排承诺对美国和
发达国家人均排放的预测（虚线）。A. 基于 GDP 目标和碳排放强度预测；B. 国家发展
改革委能源所预测；C.《气候变化国家评估报告》的预测

时给出了美国和发达国家 1950 年以来的历史人均排放，以及根据《京都议定书》、"巴厘路线图"及 G8 峰会声明中碳排放削减承诺预测的未来美国和发达国家人均排放。对于发达国家的预测，2012 年在 1990 年基础上减排 5.2%（《京都议定书》），2020 年在 1990 年基础上减排 25%（"巴厘路线图"），2050 年在 2005 年基础上减排 80%（G8 目标）；对于美国的预测，2012 年在 1990 年基础上减排 7%（假定其按照《京都议定书》规定削减），2020 年在 1990 年基础上减排 25%（"巴厘路线图"），2050 年在 2005 年基础上减排 83%（根据美国众议院通过的《美国清洁能源安全法案》）。

由于人口变动不大，人均排放预测与总排放预测的格局类似。按照碳排放强度预测的结果（日本除外）偏高，《气候变化国家评估报告》的预测偏低，而能源所的预测结果间差别较大，其中基准情景与按照碳排放强度的预测类似，低碳情景和强化低碳情景预测的结果与《气候变化国家评估报告》的预测类似。

按照中国碳排放强度 2050 年时降至美国 2005 年水平预测的人均排放最高，这一情景下 2046 年我国人均排放达到峰值（3.4t C/ 人），峰值水平基本与发达国家历史人均最高排放持平，约为美国历史人均最高排放的一半。

基于与总碳排放预测类似的分析，未来我国人均碳排放极有可能位于国家发展改革委能源所低碳情景预测与五年计划 2 情景预测（2005~2020 年碳排放强度每五年下降 15%、2020~2035 年每五年下降 20%、2035~2050 年每五年下降 25%）之间（B2 情景到 A2 情景之间）。按照美国碳排放强度的预测（A3情景）代表了最大预测值，而国家发展改革委能源所强化低碳情景预测（B3情景）代表了最小预测值。

表 6-7 及表 6-8 分别给出了最大预测、最小预测及最佳可能范围的我国2000~2050 年总碳排放、人均碳排放以及累计排放与峰值情况。

表 6-7　最大预测、最小预测及最佳可能范围预测的我国总碳排放与人均碳排放

情景	不同年份						
	2000 年	2005 年	2010 年	2020 年	2030 年	2040 年	2050 年
总碳排放（Pg C）							
按美国碳排放强度(A3)	0.93	1.53	2.02	3.13	4.30	4.84	4.77
五年计划 2（A2）	0.93	1.53	2.07	3.34	4.25	4.15	3.32
低碳情景（B2）	0.87	1.41	1.94	2.26	2.35	2.4	2.41
强化低碳情景（B3）	0.87	1.41	1.94	2.19	2.23	2.01	1.40
人均碳排放（t C/ 人）							
按美国碳排放强度（A3）	0.73	1.17	1.50	2.19	2.94	3.33	3.35
五年计划 2（A2）	0.73	1.17	1.54	2.34	2.91	2.85	2.33
低碳情景（B2）	0.69	1.17	1.44	1.58	1.6	1.65	1.69
强化低碳情景（B3）	0.69	1.17	1.44	1.53	1.52	1.38	0.98

注：最大预测为按美国碳排放强度（A3）；最小预测为强化低碳情景（B3）；最佳可能范围为五年计划 2 至低碳情景（A2~B2），其中五年计划 2 假设 2005~2020 年碳排放强度每五年降低 15%，2020~2035 年每五年下降 20%，2035~2050 年每五年降低 25%

根据预测，2020 年我国碳排放的最大预测值为 3.34Pg C，最小预测值为2.19Pg C，最佳可能范围为 2.26~3.34Pg C；人均碳排放最大预测值为 2.34t C/ 人，最小预测值为 1.53t C/ 人，最佳可能范围为 1.58~2.34t C/ 人。2050 年碳排放最大预测值为 4.77Pg C，最小预测值为 1.40Pg C，最佳可能范围为 2.41~3.32Pg C；人均碳排放最大预测值为 3.35t C，最小预测值为 0.98t C/ 人，最佳可能范围为1.69~2.33t C/ 人。最佳下限和最佳上限预测的碳排放峰值年份分别为 2046 年和2035 年，排放量分别为 2.41Pg C 和 4.43Pg C；人均碳排放峰值分别为 1.69t C/ 人和 3.03t C/ 人。我国未来人均碳排放的最大峰值与发达国家人均排放历史峰值基本持平，是美国人均排放历史峰值的一半。

表 6-8 　最大预测、最小预测及最佳可能范围预测的我国累计排放与峰值情况

国家	预测情景	不同时期			峰值年份
		2006~2050 年	1850~2050 年	1850~2005 年	
总碳排放（Pg C）					
中国	按美国碳强度（A3）	169.8	195.8	26.0	2044 年
	五年计划2（A2）	155.9	181.9		2035 年
	低碳情景（B2）	101.5	127.5		2046 年
	强化低碳情景（B3）	90.9	116.9		2027 年
美国		37.5	127.0	89.5	2005 年
人均碳排放（t C/人）					
中国	按美国碳强度（A3）	117.2	141.8	24.5	2046 年
	五年计划2（A2）	108.7	133.2		2035 年
	低碳情景（B2）	71.1	95.7		2050 年
	强化低碳情景（B3）	63.8	88.3		2018 年
美国		122.4	649.7	527.2	1973 年
发达国家		81.8	329.8	248.0	1979 年

2006~2050 年我国累计总碳排放最大预测值为 169.8Pg C，最小预测值为 90.9Pg C，最佳可能范围为 101.5~155.9Pg C；同期人均累计排放最大预测值为 117.2t C/人，最小预测值为 63.8t C/人，最佳可能范围为 71.1~108.7t C/人。根据最佳可能范围预测的我国 2006~2050 年累计人均碳排放占同期美国预测人均碳排放累计的 58%~89%，占发达国家预测人均排放累计的 87%~133%。根据最佳可能范围预测的 1850~2050 年中国人均累计碳排放为 95.7~133.2t C/人，占同期美国的 15%~21%，占发达国家的 29%~40%。即便是根据所有预测中的最大排放情景，1850~2050 年我国人均累计排放也将达到 141.8t C/人，占同期美国的 22%，发达国家的 43%。当然，考虑中国到 2050 年时人均排放正处于下降过程或者刚刚经历峰值，而美国和发达国家人均碳排放已经下降到极低的水平，因此时间期限超过 2050 年时这一比例会相应提高，但与美国或发达国家相比，我国人均累计排放仍然相对较低。

　　此外，我们比较了上述预测结果与其他国内外学者和机构的中国未来碳排放预测，列于表6-9。包括本研究在内，不同研究预测的时段不同，2000~2030年不同研究预测的未来碳排放年增长速率为2.4%~6.5%，年排放增

表6-9　国内外其他关于中国未来碳排放的预测结果及其与本书预测结果的比较

预测来源	预测时间段	碳排放年增长率（%）
2030年前		
其他研究		
APERC Outlook（2002）	1999~2020年	2.7
IEA（World Energy Outlook，2004）	2002~2030年	2.8
Department of Energy（DOE）	2001~2025年	3.6
Sheehan和Sun（2006）	2002~2030年	6.5
Blanford等（2008）	2000~2030年	5.1
Detlef等（2003）		
A1b-C情景（高速经济增长高能源消耗）	2000~2030年	3.3
B2-C情景（低速经济增长低能源消耗）	2000~2030年	2.4
我国国务院发展研究中心（2004）		
情景A（现有政策）	2000~2020年	4.6
情景B（积极政策）	2000~2020年	3.9
情景C（强化积极政策）	2000~2020年	2.9
本研究		
最大可能预测	2000~2030年	5.24
最佳预测上限	2000~2030年	5.20
最佳预测下限	2000~2030年	3.37
最小可能预测	2000~2030年	3.20
2030~2050年		
Vuuren等（2003）		
A1b-C（高速经济增长高能源消耗）	2000~2030年	1.9
B2-C（低速经济增长低能源消耗）	2000~2030年	1.6
本研究		
最大可能预测	2030~2050年	0.52
最佳预测上限	2030~2050年	−1.22
最佳预测下限	2030~2050年	0.13
最小可能预测	2030~2050年	−2.31

长率的最高预测为最低预测的 2 倍多，表明不同预测结果的差别较大。这种预测增长速率的差别主要源于对未来经济发展速度和能源消耗的估计不同。

较早开展研究的学者（研究机构、政府部门）预测的增长速率普遍较低（APERC，2002；ERI/LBNL，2003；IEA，2004；DOE，2005；Vuuren et al.，2003），最近研究的预测结果普遍偏高（Sheehan and Sun，2006；Blanford et al.，2008）。这可能是由于中国碳排放在 2002 年后的增长速率大大提高，由 1978~2002 年的年平均增长速率 3.85% 提高到 2002~2008 年的 11.5%，而早期研究均未能预见这一增长。近期开展的研究充分估计了 2002 年后中国碳排放的增长趋势，因此普遍提高了对于未来碳排放增长的预期。

本研究所提出的 2000~2030 年我国未来碳排放年增长率的最小预测值到最大预测值为 3.20%~5.24%，最佳预测范围为 3.37%~5.20%，与其他研究给出的年增长率预测比较相似。最佳预测上限与 Geoffrey 等（2008）的预测结果非常接近，最佳预测下限与国务院发展研究中心（2004）情景 B（积极政策）的预测结果比较接近。

由于 2050 年碳排放属于远期预测，超出了目前在任的决策者能够控制的范围，因此很多研究没有对 2050 年碳排放进行预测。Vuuren 等（2003）对中国 2050 年的碳排放进行了预测，结果表明，2030~2050 年中国碳排放将持续增长。本研究预测 2030~2050 年中国碳排放将出现拐点或极其微弱的增长，年增长速率远远低于 Vuuren 等的预测，这是两者不同之处。

6.6 2030 年峰值排放路径

6.6.1 情景设定

采用 Kaya 恒等式进行碳排放的预测（Kaya，1990），选择了 GDP 与碳排放强度两个变量。因而 Kaya 恒等式简化为

$$C = G\left(\frac{C}{G}\right) = G \times I \qquad (6\text{-}4)$$

式中，C 表示碳排放量（Pg C）；G 表示 GDP（千亿元，2005 年美元不变价）；I 表示碳排放强度。碳排放强度 I 采用指数方程进行拟合（岳超等，2010）：

$$I_t = I_0 \times e^{-b(t-t_0)} \qquad\qquad (6\text{-}5)$$

式中，I_t 表示第 t 年碳排放强度；I_0 表示基准年碳排放强度；b 表示碳排放强度的衰减系数。

依据符合以往衰减趋势或符合未来期望的衰减范围两条原则设置以下 6 种情景，其中基准年都为 2010 年，即 I_0 为 0.59，b 则随不同情景而变化（详见 Zheng et al., 2016）。

（1）中国过去情景

假定 2011~2050 年中国碳排放强度的衰减系数与 1980~2010 年碳排放强度的衰减系数相同。1980 年以来，中国碳排放强度迅速下降，随时间的变化趋势符合公式（6-5）（R^2=0.95，图 6-9a）。设定 2011~2050 年中国的碳排放强度按照此指数方程衰减，即衰减系数（b）为 0.0426，

$$I_t = 0.59 \times e^{-0.0426(t-2010)} \quad (2011 \leqslant t \leqslant 2050) \qquad (6\text{-}6)$$

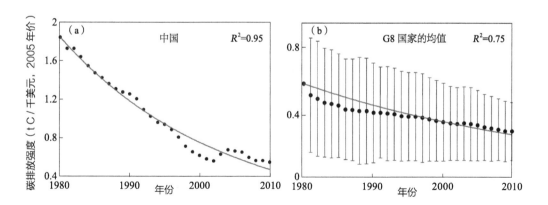

图 6-9 1980~2010 年中国的碳排放强度（a）及 1980~2010 年主要发达国家的年平均碳排放强度（b）

实心点为 G8 国家的均值，红线为拟合值

（2）G8 国家过去情景

根据 G8 国家 1980~2010 年碳排放强度的平均衰减系数。主要发达国家碳排放强度达到峰值后随时间的下降过程符合公式（6-5）（图 6-9b）。假定中国 2011~2050 年的碳排放强度遵循与发达国家相似的衰减过程，选择 2010 年为基准年（t_0）。基准年后中国碳排放强度以 G8 国家的平均衰减系数 0.0253 持续衰减到 2050 年。

（3）"十二五"规划情景

符合中国"十二五"规划中规定的碳排放强度减少量。从 2011 年开始，碳排放强度按照"十二五"规划中提出的中国 2010~2015 年碳排放强度应降低 17%，即碳排放强度每年下降 3.7%，对应的衰减系数为 0.0373，以该趋势持续变化到 2050 年。

（4）哥本哈根情景

实现哥本哈根承诺。从 2011 年开始，碳排放强度服从指数衰减，并在 2020 年时相比 2005 年下降 40%，完成中国在 2009 年哥本哈根会议上承诺的减排量。此时的衰减系数 b 为 0.0341。2020 年之后，碳排放强度继续以此 b 值衰减到 2050 年。

（5）中国自主减排目标情景

达成中国自主减排目标（INDC 目标）。自 2011 年开始，碳排放强度服从指数衰减，2030 年时相比 2005 年下降 60%（$b = 0.0367$），完成中国的 INDC 目标。2030 年以后，继续以此 b 值持续衰减到 2050 年。

（6）峰值情景

2030 年达到排放峰值的目标。自 2011 年开始，碳排放强度满足公式（6-5）持续衰减到 2050 年，衰减系数为 0.0339（详见知识窗）。

将各情景下的碳排放强度与中国 GDP 预测数据分别代入公式（6-4），预测相应的碳排放路径，并计算该路径下年碳排放的峰值和峰值年份。

知识窗

衰减系数计算方法如下：假设中国碳排放恰在 2030 年到达峰值，且在 2011～2030 年持续上升，2031～2050 年持续下降，即

$$C_t \leq C_{t+1} \quad (2011 \leq t \leq 2029) \tag{6-7}$$

将公式（6-4）与公式（6-5）依次代入公式（6-7），再经过变换：

$$G_t I_t \leq G_{(t+1)} I_{(t+1)} \Rightarrow \frac{I_t}{I_{t+1}} \leq \frac{G_{t+1}}{G_t} \Rightarrow \frac{I_0 \times e^{-b(t-t_0)}}{I_0 \times e^{-b(t+1-t_0)}} \leq \frac{G_{t+1}}{G_t}$$

$$\Rightarrow e^b \leq \frac{G_{t+1}}{G_t} \Rightarrow b \leq \ln\left(\frac{G_{t+1}}{G_t}\right) \quad (2011 \leq t \leq 2029) \tag{6-8}$$

同理可得

$$b \geq \ln\left(\frac{G_{t+1}}{G_t}\right) \quad (2030 \leq t \leq 2049) \tag{6-9}$$

将 2011～2050 年 GDP 预测数据代入公式（6-7）和公式（6-8），得到：$0.0339 \leq b \leq 0.0343$。因此，当 $b = 0.0339$ 时，碳排放强度年均下降 3.3%，即碳排放恰在 2030 年到达峰值时的最低碳排放强度衰减系数。

6.6.2 峰值排放路径

2011~2050 年，中国过去、G8 国家过去、"十二五"规划、哥本哈根以及 INDC 等 5 种情景预测的年均碳排放强度下降率（图 6-10a）分别为 4.2%、2.5%、3.7%、3.4% 和 3.6%；其中，G8 国家过去情景的下降率最小，哥本哈根情景的下降率次之，其他三种比较接近。按此预测，碳排放量到达峰值的年份由快至慢分别为 2023 年（中国过去情景，峰值为 2.89Pg C）、2026 年（"十二五"规划情景，3.11Pg C）、2026 年（INDC 情景，3.14Pg C）、2030 年（哥本哈根情景，3.29Pg C）及 2043 年（G8 国家过去情景，4.25Pg C）（图 6-10b）；对应的累计排放量（2011~2050 年）分别为 104.3Pg C、116.1Pg C、117.5Pg C、124.1Pg C 和 149.8Pg C。也就是说，碳排放强度下降率越大，碳排放量到达峰值的时间越早，峰值越小，相同时间段内累积的碳排放量越低。

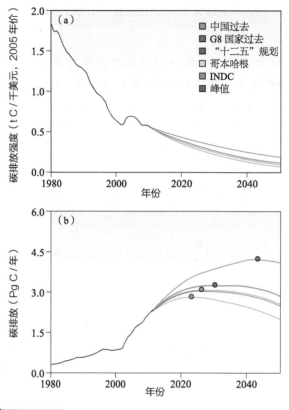

图 6-10 5 种情景下碳排放强度（a）与碳排放量（b）
圆形表示峰值年碳排放量

就峰值年份而言，除 G8 国家过去情景的年碳排放量在 2043 年才能到达峰值外，其他 4 种情景都在 2030 年前后到达峰值。而达峰时间越早，商业、企业和消费者用于调整的时间就越少，更多的基础设施将被过早淘汰、更换，对产业结构、能源结构及技术改进等因素的要求越高，相应的减排压力也就越大（Blair et al.，2008）。

就减排量而言，哥本哈根情景的 2020 年碳排放强度为 0.419t C/ 千美元，相比 2005 年，碳排放强度下降 40.0%。相比而言，中国过去、INDC、"十二五"规划和 G8 国家过去 4 种情景在 2020 年的碳排放强度分别为 0.384t C/ 千美元、0.408t C/ 千美元、0.405t C/ 千美元和 0.457t C/ 千美元；相比 2005 年，碳排放强度分别下降了 45.1%、41.7%、42.1% 和 34.7%，说明除 G8 国家过去情景外其他情景皆能实现哥本哈根目标承诺。

我们考虑 2030 年的排放情况。按照 INDC 情景，我国 2030 年的碳排放强度为 0.282t C/千美元，相比 2005 年碳排放强度下降 60%。与此相比较，其他 4 种情景至 2030 年的碳排放强度分别为 0.251t C/千美元（中国过去情景）、0.355t C/千美元（G8 国家过去情景）、0.279t C/千美元（"十二五"规划情景）和 0.298t C/千美元（哥本哈根情景）；相比 2005 年，碳排放强度依次下降 64.1%、49.3%、60.1% 与 57.5%。该结果意味着中国过去情景和"十二五"规划情景均能实现 INDC 目标，但哥本哈根情景要求的减排力度稍显不足，应在达成哥本哈根目标后提出更高的减排目标。

作为一种特殊的情景，峰值情景于 2030 年达到年排放峰值。其碳排放强度在 2011~2050 年年均下降 3.3%；年碳排放量在 2011~2030 年年均增长 1.9%，2030 年达到峰值（3.31Pg C），随后至 2050 年年均下降 0.6%；2011~2050 年累计排放量为 124.57Pg C。

综上所述，除 G8 国家过去情景外，其他 5 种情景的年碳排放量均在 2030 年之前或该年达到峰值，基本实现哥本哈根与 INDC 目标，但由于一些情景达峰时间过早，会给政府造成较大的减排压力（Blair et al., 2008）。同时，G8 国家过去情景的结果显示，INDC 目标（碳排放强度 25 年减排 60%）远比八国集团在 1980~2010 年的排放标准（碳排放强度 30 年减排 40%）要苛刻得多，说明中国在主动承担着更多的减排责任。

6.6.3 不同排放路径的预测结果

在上述 6 种情景下，中国碳排放量到达峰值的时间为 2023~2030 年（除 G8 国家过去情景），对应的峰值为 2.89~3.29Pg C。碳排放强度在 2011~2050 年每年下降 2.5%~3.7%。这意味着中国若能完成"十二五"规划、哥本哈根承诺和 INDC 目标，其年碳排放量到达峰值的时间会在 2030 年左右；按照中国以往碳排放强度的变化趋势，年碳排放量也会在 2030 年之前达到峰值。

王少鹏等（2010b）认为，累计碳排放量越大，相应的工业化程度、城市化水平等指标就会越高。减少碳排放量，在一定程度上意味着能用于社会发展的能源消耗的减少。较早的峰值年份可能会给社会造成较大的减排压力。最理想的情况是达成各减排目标的同时，年碳排放量峰值年份尽量趋近 2030

年。本研究中 2011~2050 年 GDP 按照 OECD 预测的增长数据增长，仅靠调控碳排放强度的变化较难实现该情况，需要政府在实际操作中结合经济的宏观调控，鼓励清洁能源的发展，发展新技术，促进碳交易，从而实现经济可持续发展与环境保护的平衡。

6.6.4 不确定性分析

本节使用 6 种情景模拟了中国 2011~2050 年的碳排放，分析了我国碳排放实现 2030 年达到峰值等目标的可行性。尽管如此，仍有以下三种因素可能使预测结果产生较大的误差。

（1）GDP 预测的不确定性

主要国家 GDP 预测数据来自 OECD，其预测的 GDP 增加率可能与实际情况存在差异。仅就其对中国的 GDP 预测而言，一方面，2010 年前 OECD 的预测大多低于中国 GDP 实际增长率（OECD，2005）；另一方面，OECD 对中国未来 GDP 增长率的预测值也低于诸多同类研究的结果（姜克隽等，2009；Zhang et al.，2016；Lin and Zhang，2015）。而对 GDP 增长速率的低估，会导致对未来中国年碳排放量以及到达峰值所需要时间的低估。

（2）减排成本变化所带来的不确定性

已有研究表明，未来碳减排的挑战和成本会逐渐上升（肯尼思和宾建成，2009；张雯，2012），并在某种程度上变得难以实现，这可能导致碳减排速度的下降。

（3）新的 INDC 目标、政策推行、技术革新与融资带来的不确定性

《巴黎协定》呼吁各国适时通报或更新各自的 INDC 目标。随着更加科学、严格的 INDC 目标的出台，各国碳排放量可能得到更加有效的控制。就中国而言，随着一系列减排目标、政策的出台与碳交易市场的开放，中国有望通过市场机制来优化碳排放配置，同时督促企业自觉地进行节能减排、改进工艺。同时，也可以激发企业和公众参与环境管理（Johnson and Heinen，2004；Han et al., 2012）；CCS 等新技术的研发与推广也可能会加速碳排放强度的下降（Gibbins and Chalmers，2008）。此外，中国有望通过《巴黎协定》的后续工作获得来自发达国家的技术与资金支持（Helgeson and Ellis，2015），从而加速碳排放强度的下降。简言之，上述因素都可造成对我国未来碳排放强度衰减率的低估，从而高估碳排放量和到达峰值所花费的时间。

6.7　结语

基于对未来 GDP 和碳排放强度的预测，利用三种方法对 2005~2050 年我国碳排放情景进行了预测，将预测结果与中国社会科学院基于 Kaya 模型的预测、国家发展改革委能源所的预测以及《气候变化国家评估报告》的预测进行了比较，并按照我国政府提出的《强化应对气候变化行动——中国国家自主贡献》目标（INDC 目标）对 2030 年峰值排放路径进行了预测和讨论。

基于多种结果的综合比较和分析，充分考虑发达国家碳排放的历史变化规律、我国目前所处的发展阶段、当前国际气候变化的政策形势，以及未来工业低碳技术和新能源技术发展的预期，我们认为 2005~2050 年我国碳排放预测的最佳可能范围为国家发展改革委能源所低碳情景的预测值至本研究五年计划 2 的预测值。根据这一预测，2020 年和 2050 年碳排放量分别为 2.26~3.34Pg C 和 2.41~3.32Pg C，人均碳排放量分别为 1.58~2.34t C/ 人和 1.69~2.33t C/ 人；年排放量和人均年排放量在 2030 年达到极大值，分别为 3.74Pg C 和 2.56t C/ 人。基于这一预测的人均历史累计排放显著小于发达国家，约为发达国家平均水平的 1/3，美国的 1/6（1850~2050 年中国、发达国家平均和美国人均历史累计排放分别为 96~133t C/ 人、330t C/ 人及 650t C/ 人）。

而中国碳排放量要在 2030 年前达峰值，2011~2030 年的碳排放强度需每年下降 3.3% 以上。中国若能完成"十二五"规划、哥本哈根承诺以及《强化应对气候变化行动——中国国家自主贡献》目标相应的减排量，便能在 2030 年之前达到排放峰值。总之，中国有很大可能在 2030 年前达到排放峰值。

根据 Kaya 模型，碳排放的增长可以分解为人口、人均 GDP、GDP 能源强度和能源碳排放强度 4 个因素的乘积作用。分析表明，人均 GDP 和 GDP

能源强度是我国过去 20 年来碳排放增长的驱动因子。我国碳排放的首要来源是工业部门能源消费，1994~2010 年工业部门能源消费约占全国总能源消费的 70%。因此，受国家减排冲击最大的也将是工业部门。

目前，我国在能源开采、能源利用、生产方式等方面仍存在效率低、能源浪费的问题。有些行业虽然属于技术密集型产业，但同样由于技术水平的限制而存在耗能较大的问题。我国目前正处于产业结构调整的关键期，因此做好宏观经济调控，制定符合我国实际情况的减排策略，避免减排压力过大而影响正常的经济生产活动是十分关键的。

我国陆地生态系统碳汇的过去和未来 7

方精云　郭兆迪　徐　冰　朱江玲
王少鹏　胡会峰

生态系统是由生物群落及其无机环境相互作用形成的统一整体。其范围可大可小，最大的生态系统是生物圈。按生境类型，它可以分为两大类：陆地生态系统和水域生态系统。陆地生态系统通过植物、动物、土壤微生物与大气圈进行碳循环，对平衡大气中的 CO_2 浓度起着关键作用。当生态系统从大气中固定的碳量大于其向大气中排放的碳量时，该系统就成为大气 CO_2 的汇，简称碳汇。增强陆地生态系统碳汇是我国减缓碳排放、应对气候变化的重要措施。

我国陆地生态系统到底是碳源还是碳汇？其大小如何？将来会发生怎样的变化？为解答这些问题，本章将估算我国陆地生态系统在过去几十年间的碳汇大小，并预测我国森林生物量碳汇在未来 50 年里的变化，进而评估未来我国陆地生态系统对减缓大气中 CO_2 浓度的增加所做的贡献。

7.1 我国陆地碳汇的估算

我国幅员辽阔，拥有多种多样的陆地生态系统类型，其中森林、灌丛、草地等生态系统对于减缓 CO_2 排放起着重要作用。测定陆地生态系统碳汇的方法主要有三种：基于地面观测的尺度转换方法、生态系统碳过程模型法、大气反演模型法。其中，基于地面观测的尺度转换方法是指基于地面实际观测的生物量数据和土壤调查资料，通过尺度转换的方法，如结合遥感信息实现尺度转换，从而估算全国陆地生态系统碳收支的方法；生态系统碳过程模型法是基于已有的一些描述生态系统碳过程模型，或耦合气候模型，来模拟生态系统碳收支状况的方法；大气反演模型法是利用传输模型，由全球观测网络测得的大气 CO_2 浓度的时空变化梯度反推区域碳收支（Fang et al.，2001，2005，2006；Piao et al.，2009；Pan et al.，2011）。

森林植被是陆地生物圈的主体，有 85%~90% 的陆地植被生物量集中在森林植被当中（Whittaker and Likens，1973；Olson et al.，1983；Dixon et al.，1994）。由于森林拥有巨大碳库，因此它在全球碳循环中起着举足轻重的作用。森林生态系统在受到自然或人为干扰时，可能成为大气 CO_2 的源；在干扰停止后，森林的恢复可能使其成为大气 CO_2 的汇。近 20 年的研究表明，北半球中高纬度的森林是一个重要的碳汇，能够抵消部分化石燃料燃烧所排放的 CO_2（Tans et al.，1990；Kauppi et al.，1992；Keeling et al.，1996；Brown and Schroeder，1999；Houghton et al.，1999；McGuire et al.，2001；Schimel et al.，2000，2001；Fang et al.，2001，2005，2007；Myneni et al.，2001；Pacala et al.，2001；Janssens et al.，2003；Ciais et al.，2008；Piao et al.，2009；Pan et al.，2011）。

　　本节主要详细介绍采用基于地面观测的尺度转换方法估算我国森林生物量碳库及其碳汇，并结合以往研究的其他生态系统碳汇结果，推算我国陆地生态系统碳汇大小。

7.1.1　主要方法——基于地面观测的尺度转换方法

　　基于地面观测的尺度转换方法基于地面实际观测的生物量数据和土壤调查资料，结合遥感信息，分别构建森林、灌丛、草地、农田和土壤的碳库估算关系式，再由所得关系式估算区域和全国尺度相应生态系统的碳储量及其变化（Fang et al.，2001，2005，2006）。下面简单介绍一下估算各个部分碳储量及其变化的数据来源和计算方法。

（1）森林生物量

（i）林分

　　森林包括林分、经济林和竹林；其中，林分分为天然林和人工林。我国森林清查资料规定林分为郁闭度大于等于 0.2 的有林地（1994 年之前规定郁闭度大于 0.3）。通过野外调查数据，建立森林生物量与蓄积量的转换关系，即由生物量转换因子（biomass expansion factor，BEF）实现蓄积量到生物量的转换。BEF 定义为森林生物量与蓄积量的比值 [公式（7-1）]。研究表明：BEF 可以表示为蓄积密度的倒数函数，该函数能够实现由样地实测数据到区域或国家尺度的生物量估算 [公式（7-2）]（Fang et al.，2001，2005；方精云等，2002）。我国各森林类型的生物量转换因子函数参数详见表 7-1（郭兆迪等，2013）。

$$BEF = B/V \tag{7-1}$$

$$BEF = a + b/x \tag{7-2}$$

式中，B 和 V 分别表示生物量和木材蓄积量；x 表示单位面积的蓄积量；a 和 b

表示针对某一森林类型的常数（参数详见表 7-1）。

表 7-1 中国主要森林类型的生物量转换因子函数参数

[见公式（7-2），$BEF = a + b/x$]（Guo et al.，2010）

类别编号	森林类型	a	b	n	R^2
1	云杉、冷杉	0.5519	48.861	24	0.7764
2	杉木	0.4652	19.141	90	0.9401
3	柏木	0.8893	7.3965	19	0.8711
4	落叶松	0.6096	33.806	34	0.8212
5	红松	0.5723	16.489	22	0.9326
6	华山松	0.4581	32.666	10	0.7769
7	马尾松、云南松	0.5034	20.547	51	0.8676
8	樟子松	1.112	2.6951	15	0.8478
9	油松	0.869	9.1212	112	0.9063
10	其他松树	0.5292	25.087	18	0.8622
11	铁杉、柳杉、油杉	0.3491	39.816	30	0.7899
12	针叶落叶混交林	0.8136	18.466	10	0.9953
13	桦木	1.0687	10.237	9	0.7045
14	木麻黄	0.7441	3.2377	10	0.9549
15	落叶栎	1.1453	8.547	12	0.9795
16	桉树	0.8873	4.5539	20	0.802
17	常绿阔叶林	0.9292	6.494	23	0.8259
18	落叶混交林	0.9788	5.3764	32	0.9333
19	非商品用材	1.1783	5.5585	17	0.9483
20	杨树	0.4969	26.973	13	0.9183
21	热带树林	0.7975	0.4204	18	0.8715

我国森林资源清查资料统计了各省各森林类型的面积和蓄积量，为估算森林生物量提供了基础数据。本章基于 6 期（1977~1981 年、1984~1988 年、1989~1993 年、1994~1998 年、1999~2003 年、2004~2008 年）森林资源清查资料（中华人民共和国林业部，1983，1989，1994，2000，2005；国家林业局，2010），采用连续 BEF 函数法，估算各调查期我国森林生物量及其变化。碳含量系数采用 0.5，即得到森林生物量碳库及其变化。

各森林类型的全国总生物量计算公式如下

$$Y = \sum_{i=1}^{30} \mathrm{BEF} \times x_i \times A_i = a\sum_{i=1}^{30} A_i x_i + bA \qquad (7\text{-}3)$$

式中，Y 和 A 分别表示某森林类型在全国的总生物量和总面积；A_i 和 x_i 分别表示该森林类型在第 i 省区的面积和平均蓄积量密度。

由于我国森林清查资料中林分的划分标准进行过调整：1977~1981年、1984~1988年、1989~1993年调查期的林分标准为郁闭度大于 0.3，而1994~1998年、1999~2003年、2004~2008年调查期的林分标准为郁闭度大于等于 0.2。为了统一标准进行比较，利用 1994~1998年的双重标准数据，首先建立两种标准下省级林分面积（Area）、蓄积量（Volume）、碳储量（TC）的换算关系，分别如下（图 7-1）。

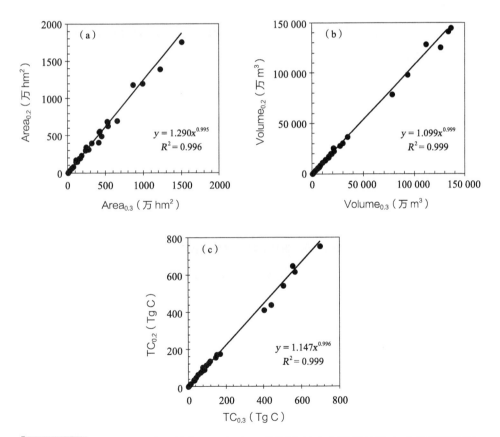

图7-1 两种标准下省级林分面积（a）、蓄积量（b）以及碳储量（c）的换算关系

$$\text{Area}_{0.2} = 1.290 \times \text{Area}_{0.3}^{0.995} \quad (R^2 = 0.996) \qquad (7\text{-}4)$$

$$\text{Volume}_{0.2} = 1.099 \times \text{Volume}_{0.3}^{0.999} \quad (R^2 = 0.999) \qquad (7\text{-}5)$$

$$\text{TC}_{0.2} = 1.147 \times \text{TC}_{0.3}^{0.996} \quad (R^2 = 0.999) \qquad (7\text{-}6)$$

式中，$\text{Area}_{0.3}$ 和 $\text{Area}_{0.2}$ 分别表示 0.3 和 0.2 郁闭度时省级林分面积（万 hm^2）；$\text{Volume}_{0.3}$ 和 $\text{Volume}_{0.2}$ 分别表示 0.3 和 0.2 郁闭度时省级林分蓄积量（万 m^3）；$\text{TC}_{0.3}$ 和 $\text{TC}_{0.2}$ 分别表示郁闭度大于 0.3 和 0.2 两种标准下的省级林分碳储量（Tg C）。

通过以上换算关系，计算出 1977~1981 年、1984~1988 年、1989~1993 年三个时期各省区在郁闭度大于等于 0.2 时的林分面积、蓄积量和总碳库。

此外，1999~2003 年之前的清查资料没有西藏控制线外区域各具体林分类型的数据，但提供了西藏总区域林分总面积和总蓄积量的数据（包括控线外）。因此，本研究通过各时期省级生物量密度（BD）与蓄积量密度（VD）的关系（BD=0.704VD+19.953，n=211，R^2=0.968），分别求出 1977~1981 年、1984~1988 年、1989~1993 年、1994~1998 年四期西藏总区域内的森林生物量密度，进而求得西藏总区域内的森林生物量总碳储量。

（ⅱ）经济林和竹林生物量

森林资源清查资料中给出了经济林的面积，通过平均生物量密度 23.7Mg/hm^2（方精云等，1996）求得经济林的生物量，进而得到各时期各省区经济林的碳储量。

为了估算中国竹林生物量碳库及其变化，通过广泛收集相关文献，分别建立了毛竹和杂竹生物量数据库，其中包含 37 组毛竹生物量数据和 43 组杂竹生物量数据，得到毛竹和杂竹的平均生物量密度分别为 81.9Mg/hm^2 和 53.1Mg/hm^2，据此估算竹林的生物量（郭兆迪等，2013）。

（ⅲ）森林外树木生物量

依据我国森林清查资料，森林包括林分、经济林和竹林，其他类型则可划归为森林外树木（trees outside forest，TOF），如疏林、未成林造林地、四旁树、散生木和灌木林（国家林业局森林资源管理司，2005），不同类型森林外树木具有各自的生物量计算方法。

（a）疏林

森林资源清查资料列出了我国各省区疏林的面积和蓄积量，但由于我国森林标准在 1994 年做了调整，疏林标准也随之改变，1994 年以前疏林是指郁闭度在 0.10~0.29 的林地，1994 年以后调整为郁闭度在 0.10~0.19 的林地，相当于将一部分疏林划归到林分当中，因此，新标准下的疏林相对较少。为了研究各个时期疏林生物量的变化情况，需要对不同标准的疏林数据进行校正。依据1994~1998 年期的森林资源清查数据，能够获得双重标准下各省区的疏林面积和蓄积量，由此，可建立两种标准下疏林的换算关系：

$$\text{Area}_{0.2} = 0.2731 \times \text{Area}_{0.3}^{0.9602}, \quad (R^2 = 0.865, n = 30) \quad (7\text{-}7)$$

$$\text{Volume}_{0.2} = 0.2319 \times \text{Volume}_{0.3}^{0.9605}, \quad (R^2 = 0.904, n = 30) \quad (7\text{-}8)$$

式中，面积和蓄积量的单位分别为万 hm^2 和万 m^3，关系图见图（7-2）。即由公式（7-7）和（7-8）求出 1994 年以前各期，即 1977~1981 年、1984~1988 年、1989~1993 年三期在郁闭度 0.10~0.19 标准下的疏林面积和蓄积量。此外，按照西藏控制线内和控制线外地区林分的面积和蓄积量比例，将 1999 年之前各调查期的西藏疏林面积和蓄积量数据调整到西藏全区。

鉴于疏林资料没有按树种的详细数据，仅有省级疏林总面积和总蓄积量数据，无法采用按树种的连续 BEF 法计算疏林的生物量，因此通过 1994~1998 年期双重标准数据，求得郁闭度在 0.20~0.29 的各省林分生物量密度与蓄积量密度的关系（图 7-2），近似求得各时期各省疏林（郁闭度 0.10~0.19）的生物量密度，再乘以疏林面积即得到各省疏林总生物量。

$$BD = 0.8749VD + 13.507 \quad (R^2 = 0.969, n = 28) \quad (7\text{-}9)$$

式中，BD 表示省级郁闭度在 0.20~0.29 的林分生物量密度（t/hm^2）；VD 表示省级郁闭度在 0.20~0.29 的林分蓄积量密度（m^3/hm^2）。

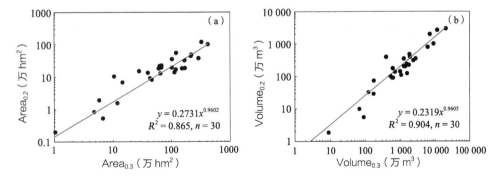

图7-2 1994~1998 年期两种标准下疏林面积（a）和蓄积量（b）的换算关系

（b）四旁树和散生木

四旁树是指在村旁、路旁、水旁、宅旁栽植的树木，包括平原地区的小片林、农田林网以及农林间作的树木；散生木是指在竹林、经济林、无林地及幼林上层散生的高大林木（国家林业局森林资源管理司，2005）。

森林清查资料中给出了各省区的四旁树总株数和总蓄积量、各省区散生木的总蓄积量；其中，本研究将 1999 年之前各调查期的西藏四旁树和散生木蓄积量数据调整到西藏全区。考虑到四旁树和散生木生长环境一般是比较稀疏、开阔的地方，因此可以通过稀疏状态下的林分数据对四旁树和散生木的生物量进行近似估算。本研究通过 1994~1998 年期双重标准数据，得到省级不同郁闭度下林分的总生物量和总蓄积量的关系，发现当总蓄积量一定时，郁闭度较低的林分生物量要高于郁闭度大的林分。具体来说，郁闭度在 0.20~0.29 的林分，其蓄积量向生物量转换的系数（BEF）为 1.2091，而郁闭度大于 0.30 的林分，其蓄积量向生物量转换的系数（BEF）为 0.930。因此，本研究采用较为稀疏林分的生物量与蓄积量关系，即郁闭度在 0.20~0.29 的林分生物量（B）与蓄积量（V）关系：$B=1.2091V$（$R^2=0.953$，$n=28$），近似估算生长在较为开阔环境中的四旁树和散生木的总生物量。

（2）灌丛生物量

Piao 等（2009）收集了文献中野外实测的灌丛地上生物量数据，结合遥感数据 [生长季植被指数（NDVI）]，建立了估算灌丛地上生物量的回归模型：$y=3114.2\mathrm{NDVI}^{2.3705}$（$R^2=0.28$，$P<0.01$），采用此关系式估算了 1982~1999 年我国灌丛地上生物量的时空变化，再由灌丛地下、地上生物量比值，计算得到灌丛地下生物量和总生物量。

（3）草地生物量

方精云等（1996）基于全国草地资源调查资料（中华人民共和国农业部畜牧兽医司，1994，1996），提出了计算各省区各草地类型的地上生物量的方法。考虑到草地普查数据是在 1981~1988 年调查测定的，Piao 等（2009）建立了各省区草地平均地上生物量与调查期间平均生长季 NDVI 的关系，以此回归关系式为基础，估算了我国草地地上生物量的时空变化趋势，并根据不同草地类型的地上、地下生物量比值（Piao et al.，2007），求得草地总生物量的时空变化。但目前仍缺乏对中国草地生态系统碳库及其动态变化特征的全面认识。Fang 等（2010）通过综述中国草地碳循环研究的最新进展，并结合本研究组的工作，较为全面地评价了中国草地生态系统碳库（植被生物量碳库和土壤有机碳库）及其动态变化。

（4）农田生物量

可通过作物产量的统计数据及主要作物的相关参数求算作物生物量，但考虑到作物的收获期短，作为碳汇的效果不明显，因此，常设定作物生物量的碳汇为零（方精云等，1996；Piao et al.，2009）。本研究也采用同样处理。

（5）土壤碳库

黄耀等（2010）通过收集文献资料，综述了我国陆地生态系统土壤有机碳变化研究结果，得到了 20 世纪 80 年代以来，我国森林、草地、灌丛和农田土壤有机碳的平均变率，以及三江平原沼泽湿地垦殖产生的土壤碳损失速率。

7.1.2 结果与讨论

（1）植被碳汇

基于森林清查资料，我们估算了 20 世纪 80 年代初到 21 世纪初我国森林生物量碳库的大小及其变化（表7-2）。其中，林分的面积和碳储量均呈增加趋势，面积由约 124 万 km^2 增加到 2008 年的约 156 万 km^2；生物量碳储量由 4717Tg C 增加到 6427Tg C，净增加 1710Tg C。经济林和竹林的面积和碳储量也呈增加趋势，虽然相对于林分来说，经济林和竹林的碳储量较小，二者的加和不超过林分碳储量的 8%，但其增加速度较快，30 年间分别由 134Tg C 和 121Tg C 增加到 242Tg C 和 199Tg C，几乎翻了一番。总的来说，1981~2008 年我国森林生物量碳汇为 70.2Tg C/ 年；其中，林分占 90.2%（63.3Tg C/ 年），经济林和竹林占 9.8%（经济林碳汇为 4.0Tg C/ 年，竹林碳汇为 2.9Tg C/ 年）。

表 7-2 森林各部分碳储量及其变化

时期	林分	经济林	竹林	合计
	面积（×10^6hm^2）			
1977~1981 年	123.5	11.3	3.2	138
1984~1988 年	131.7	13.7	3.6	149
1989~1993 年	139.7	16.1	3.8	160
1994~1998 年	132.4	20.2	4.2	157
1999~2003 年	142.8	21.4	4.8	169
2004~2008 年	155.6	20.4	5.4	181
	碳储量（Tg C）			
1977~1981 年	4717	134	121	4972
1984~1988 年	4885	163	131	5178
1989~1993 年	5402	191	138	5731
1994~1998 年	5388	240	154	5781
1999~2003 年	5862	253	177	6293
2004~2008 年	6427	242	199	6868
	变化量（Tg C/ 年）			
1981~1988 年	23.9	4.2	1.4	29.5
1989~1993 年	103.5	5.6	1.5	110.6
1994~1998 年	−2.9	9.8	3.1	10.1
1999~2003 年	94.9	2.8	4.7	102.3
2004~2008 年	112.9	−2.3	4.3	114.9
1981~2008 年	63.3	4.0	2.9	70.2

森林外树木，包括疏林、四旁树、散生木，也对碳循环起着重要作用（方精云等，2007）。结果显示：20 世纪 80 年代初到 21 世纪初，我国森林外树木生物量增长了 50.4%，由 488Tg C 增加到了 734Tg C；其中，疏林增加 12Tg C，四旁树和散生木共增加 234Tg C。森林外树木的总生物量碳汇为 9.1Tg C/ 年，为同期中国森林生物量碳汇的 13%，可抵消同期化石燃料燃烧排放 CO_2 的 1%，对于减缓碳排放有着不可忽视的作用。

Fang 等（2010）通过对已有研究的总结发现，中国草地生物量在过去 20 年没有发生显著变化，即中国草地生态系统是一个中性的碳汇。

通过建立灌丛生物量与遥感植被指数的关系，Piao 等（2009）估算了我国灌丛生物量碳库变化。结果显示：1982~1999年灌丛生物量碳汇为（21.7±10.2）Tg C/年，碳储量在增加。

此外，如前所述，本章设定农作物生物量碳汇为零。综上，我国植被（包括森林、灌丛、草地、农田、森林外树木等主要类型）在20世纪80年代初到21世纪初，产生的总碳汇为（101.0±10.2）Tg C/年（表7-3）。

表7-3　中国陆地生态系统碳收支（20世纪80年代初至21世纪初）

生态系统组分	生态系统类型	面积（×10⁶hm²）	碳收支（Tg C/年）	文献
植被	森林林分	124~156	63.3	本研究
	经济林	11.3~21.4	4.0	本研究
	竹林	3.2~5.4	2.9	本研究
	森林外树木	—	9.1	本研究
	灌丛	215	21.7 ± 10.2	Piao et al., 2009
	草地	331	0	Fang et al., 2010
	植被小计		101.0 ± 10.2	
土壤	森林	124~143	4.7 ± 4.3	黄耀等，2010
	灌丛	200	39.4 ± 9.0	黄耀等，2010
	草地	331	0	Fang et al., 2010
	农田	130	21.7 ± 4.3	黄耀等，2010
	三江平原沼泽湿地	—	−6.2 ± 1.8	黄耀等，2010
	土壤小计		59.6 ± 19.4	
生态系统	合计		160.6 ± 29.6	

（2）土壤碳汇

黄耀等（2010）通过文献综述得出：我国森林、灌丛和农田的土壤有机碳库在20世纪80年代初到21世纪初均呈增加趋势，其碳汇分别为（4.7±4.3）Tg C/年、（39.4±9.0）Tg C/年、（21.7±4.3）Tg C/年。但由于垦殖，湿地的土壤有机碳在减少，其中，我国沼泽湿地面积最大的三江平原在1980~2000年由垦殖导致的土壤有机碳损失速率为（−6.2±1.8）Tg C/年（表7-3）。

Fang等（2010）对中国草地的综合研究表明，草地生态系统土壤碳汇接近于0。因此，我国陆地生态系统的土壤碳汇总计为（59.6±19.4）Tg C/年。

（3）生态系统碳汇

基于地面观测的尺度转换法，得到 20 世纪 80 年代初到 21 世纪初我国陆地植被碳汇为（101.0±10.2）Tg C/ 年（包含森林外树木碳汇）。综合黄耀等（2010）及 Fang 等（2010）基于文献和综合分析结果，得到同期我国陆地土壤碳汇为（59.6±19.4）Tg C/ 年（包含湿地碳损失部分）。因此，植被与土壤合计为陆地生态系统总碳汇，其大小为（160.6±29.6）Tg C/ 年（表 7-3）。

但基于地面观测的尺度转换法没有考虑积累到木材产品中的碳汇，因此需要加上每年积累到木材产品中的碳（0.009Pg C/ 年）（Piao et al.，2009），从而得到中国生态系统碳收支约为 0.17Pg C/ 年。本研究的结果与 Piao 等（2009）采用生态系统碳模型法得到的中国生态系统碳收支 [（0.173±0.039）Pg C/ 年] 一致；但低于采用大气反演模型法估算的结果（0.261Pg C/ 年）。综合上述三种方法的结果，并结合中国的实测数据，可以得出中国陆地生态系统在 20 世纪 80 年代、90 年代和 21 世纪初平均每年净吸收 CO_2 为 0.17~0.26Pg C。1980~2000 年我国由化石燃料使用产生的碳排放为 14.45Pg C（Marland et al.，2008），年均排放 0.694Pg C，因此，我国陆地生态系统相当于抵消了同期我国化石燃料排放的 24%~37%，与美国陆地碳汇能力相当（20%~40%）（Field and Fung，1999），且明显高于欧洲的结果（12%）（Janssens et al.，2003）。

7.2 我国森林碳汇预测

根据我国森林覆盖率到 2050 年的发展规划（中国可持续发展林业战略研究项目组，2002），并以国土面积 960.27×10^6hm^2 为基准，可以推算未来我国的森林面积。此外，扣除国家特别规定灌木林，并假设林分在森林总面积中所占的比例不变（1977~2003 年五期森林清查数据中，林分占森林总面积的平均比例为 87.5%），则可以计算出未来林分的面积（表 7-4）。在已知森林和林分面积的基础上，可以采用两种方法对未来森林生物量碳汇潜力进行预测：基于转移矩阵法的预测和基于年龄 - 生物量密度关系法的预测（徐冰等，2010）。

表 7-4 未来中国森林面积增长规划（徐冰等，2010）

年份	覆盖率（%）	森林总面积（万 hm²）	林分面积（万 hm²）	林分新增面积（万 hm²）
2000 年	18.2	17 490.9	14 278.7	
2010 年	20.4	19 568.4	16 213.0	1 934.3
2020 年	23.5	22 528.9	18 714.0	2 501.0
2030 年	25.5	24 503.3	20 382.0	1 668.0
2040 年	26.9	25 865.0	21 532.3	1 150.3
2050 年	28.4	27 226.6	22 682.6	1 150.3

7.2.1 基于转移矩阵法的预测

（1）假设和矩阵估计

森林资源清查资料中将各树种林分划分为 5 个龄级：幼龄林、中龄林、近熟林、成熟林和过熟林。为了预测未来森林林分的生物量碳库，我们假设：相邻两期森林资源清查期间，某一龄级的林分向其下一龄级转移的面积比例不随时间变化；例如，前一期清查时的幼龄林生长到后一期清查时，一部分转变成中龄林，还有一部分仍处于幼龄林阶段，我们假定其转移到中龄林的面积比例是固定的。基于该假设，利用 1994~1998 年、1999~2003 年两期的森林资源清查数据，以各省林分面积作重复样本，建立龄级间的面积转移方程，求算各龄级转移比例。由此可以得到相邻两个清查期各龄级的转移矩阵，由该转移矩阵即可推算到 2050 年的森林各龄级的面积情况。

此外，假设各龄级内的生物量密度不变（以 1999~2003 年期的碳密度为准），进而可以预测到 2050 年的森林生物量。龄级面积比例转移方程的形式如下

$$\begin{pmatrix} S_{幼} \\ S_{中} \\ S_{近} \\ S_{成} \\ S_{过} \end{pmatrix}_{t+1期} = \begin{pmatrix} a_{10} & a_{11} & 0 & 0 & 0 & 0 \\ 0 & a_{21} & a_{22} & 0 & 0 & 0 \\ 0 & 0 & a_{32} & a_{33} & 0 & 0 \\ 0 & 0 & 0 & a_{43} & a_{44} & 0 \\ 0 & 0 & 0 & 0 & a_{54} & a_{55} \end{pmatrix} \begin{pmatrix} S_{总} \\ S_{幼} \\ S_{中} \\ S_{近} \\ S_{成} \\ S_{过} \end{pmatrix}_{t期} \tag{7-10}$$

式中，$S_{幼}$、$S_{中}$、$S_{近}$、$S_{成}$、$S_{过}$分别代表 5 个龄级的面积，$S_{总}$代表 5 个龄级的总

面积；下角标（t 期和 $t+1$ 期）表示森林资源清查的时期；a_{ij} 表示两期之间的第 j 龄级向第 i 龄级转移的比例系数。由于森林资源清查是每五年进行一次，因此某一龄级的林分只能向其相邻的下一龄级转化，不会跨龄级转移。因此，矩阵中不相邻的龄级之间转化系数为零。此外，在求解转移矩阵方程时，假定新造林面积与森林总面积正相关，其比例系数为 a_{10}，但在预测未来森林各龄级面积时，a_{10} 是由新造林面积决定的。由于某一龄级的森林生长到下一清查期时，除了本龄级剩余部分和转化为下一龄级的部分，还有一部分死亡或被砍伐。因此，矩阵中各系数都是 0~1 之间的数值，同列系数加和小于等于 1。

由于西藏林龄集中在近熟林、成熟林、过熟林（面积占 83%），而幼龄林和中龄林比例非常小（仅占 17%），前后两期龄级间的转化与其他省区差异显著，因此，在求算全国森林龄级面积转移矩阵时，没有包含西藏的数据，而采用其他 29 个省区（其中，重庆市与四川省作为一个整体）的数据作为重复样本。

Bootstrap 是 Monte Carlo 抽样的一种。当对预测量无法通过统计它的分布给出置信区间时，这种重抽样的方法可以给出预测量在一定置信区间的数值估计。Bootstrap 方法的具体操作是对原始数据进行重抽样，一般是有放回地抽取等量的样本，用新抽取的样本来进行某种参数估计和数值预测。由于每次抽样的样本不同，因此多次抽样能够给出多个参数估计和预测结果。根据这些估计和预测值，即可得到参数和预测值的频度分布，进而得到其均值和置信区间。

本研究采用 Bootstrap 方法是对原有的 29 个省区的数据进行重抽样，每次抽样都是有放回地抽取 29 个样本（因此会有重复的省区数据），然后拟合各龄级面积转移矩阵，并由得到的转移矩阵对未来森林生物量碳库进行预测。如此重复 1000 次，则得到 1000 个预测结果，根据这 1000 个预测值的分布，可以给出预测值的均值和方差估计。

（2）主要结果

由 1994~1998 年和 1999~2003 年两期森林资源清查数据，采用 Bootstrap 方法得到的我国林分各龄级面积平均转移矩阵见表 7-5。同样，矩阵中新造林比例仅代表 1994~1998 年期到 1999~2003 年期的比例，而未来新造林面积由森林发展规划计算的新造林面积决定。基于该转移矩阵，结合森林面积发展规划目标，可以算出未来我国森林林分的林龄结构，进而得到我国未来森林林分生物量碳汇潜力（表7-6）。

结果显示：到2050年，我国森林林分生物量碳库将达到8.81Pg C（置信区间为95%时的范围在7.6~9.8Pg C），因此，2000~2050年，我国森林林分生物量碳库将吸收2.9Pg C（置信区间为95%时的范围在1.7~4.0Pg C），平均年碳汇为58.9Tg C/年（置信区间为95%时的范围在34.2~79.2Tg C/年），其巨大的碳汇潜力将对减缓CO_2排放起到积极作用。

表7-5 Bootstrap方法得到的各龄级面积转移矩阵系数（均值）

	新造林比例	幼龄林	中龄林	近熟林	成熟林	过熟林
幼龄林	0.078	0.774	0	0	0	0
中龄林	0	0.209	0.891	0	0	0
近熟林	0	0	0.104	0.899	0	0
成熟林	0	0	0	0.080	0.944	0
过熟林	0	0	0	0	0.026	0.992

表7-6 转移矩阵法预测到2050年中国森林林分生物量碳库

项目	时期					
	2000年	2010年	2020年	2030年	2040年	2050年
林分总面积（万hm²）	14 279	16 213	18 714	20 382	21 532	22 683
总生物量碳库（Tg C）	5 862	6 437	7 151	7 758	8 284	8 807
标准差		91	190	301	421	547
总生物量碳库下限（Tg C）*		6 269	6 788	7 141	7 398	7 570
总生物量碳库上限（Tg C）*		6 606	7 505	8 322	9 070	9 823
平均生物量碳密度（Mg C/hm²）	41.1	39.7	38.2	38.1	38.5	38.8

*预测的上限和下限的置信区间为95%

7.2.2 基于年龄－生物量密度关系法的预测

（1）建立生物量密度与林龄的关系

森林生物量密度随着林龄的增长而增加，与林龄有着密切关系。为建立各森林类型的年龄与生物量密度的关系，首先要确立森林清查资料中各森林类型的年龄取值。森林资源清查时将各优势树种划分为幼龄林、中龄林、近熟林、成熟林和过熟林 5 个龄级进行统计，依据其龄级划分标准（袁运昌，1996），结合各森林类型的分布范围和特点，从而确定各森林类型林龄的主要分段方法，并且以林龄段的中值代表该龄级内森林的平均林龄（徐冰等，2010）。

依据树木生长的一般规律，采用 Logistic 生长曲线 [公式（7-11）]，分别对36 种森林类型生物量密度与林龄的关系进行拟合。

$$B = \frac{w}{1 + ke^{-at}} \qquad (7\text{-}11)$$

式中，B 表示生物量密度（10^6g C/hm^2）；t 表示林龄（年）；w、k、a 为各森林类型相应的常数。各树种生物量密度和林龄的曲线拟合参数见表 7-7。

表 7-7 生物量密度与林龄的 Logistic 曲线拟合参数 $[B = w/（1+ke^{-at}）]$
（徐冰等，2010）

编号	优势树种	w	k	a	R^2
0	合计	201.19	6.7273	0.0617	0.988
1	红松	218.56	7.9541	0.0360	0.950
2	冷杉	357.50	4.3454	0.0211	0.920
3	云杉	274.47	5.7382	0.0295	0.983
4	铁杉	203.06	4.8039	0.0201	0.963
5	柏木	155.72	10.5681	0.0443	0.912
6	落叶松	130.20	2.6594	0.0696	0.981
7	樟子松	201.71	10.8787	0.1059	0.930
8	赤松	49.14	2.3436	0.0985	0.665
9	黑松	60.00	3.3600	0.0823	0.655
10	油松	87.98	12.2360	0.1144	0.977
11	华山松	91.06	3.2828	0.0678	0.873
12	油杉	67.22	0.6470	0.0238	0.765
13	马尾松	81.67	2.1735	0.0522	0.996
14	云南松	147.88	5.3342	0.0736	0.731

（续表）

编号	优势树种	w	k	a	R^2
15	思茅松	95.71	2.0674	0.0878	0.832
16	高山松	162.21	3.6259	0.0578	0.966
17	杉木	69.61	2.4369	0.0963	0.963
18	柳杉	111.63	2.5125	0.1113	0.939
19	水杉	140.00	12.3200	0.2046	0.577
20	水曲柳 - 胡桃楸等	212.83	8.0670	0.0607	0.994
21	樟树	120.00	5.4000	0.0566	0.394
22	楠木	206.99	9.1857	0.0615	0.900
23	栎类	197.09	8.4907	0.0422	0.992
24	桦木	163.34	7.4789	0.0516	0.990
25	硬阔类	160.99	10.3130	0.0492	0.990
26	椴树类	266.71	7.8232	0.0586	0.957
27	檫木	210.00	24.9900	0.1708	0.878
28	桉树	89.87	7.1493	0.1432	0.898
29	木麻黄	156.02	6.4432	0.0698	0.804
30	杨树	70.76	1.4920	0.1434	0.934
31	桐类	110.42	4.0946	0.0505	0.876
32	软阔类	132.24	5.2755	0.1302	0.956
33	杂木	199.15	20.7297	0.3534	0.975
34	针叶混交林	158.94	20.8042	0.1017	0.949
35	针阔混交林	290.96	8.5774	0.0560	0.993
36	阔叶混交林	237.57	12.2721	0.1677	0.980

（2）预测现有森林和新造林生物量碳库

以 1999~2003 年第六次森林资源清查数据，作为设定 2000 年各类型森林龄级分布的基础。假设到 2050 年之前，不考虑森林皆伐和成片死亡，则这部分现有森林在未来某一年的生物量密度可通过未来森林年龄和上述拟合的 Logistic 方程得到。将生物量密度乘以相应的面积，再乘以碳转换系数 0.5，即得到这部分已有森林在未来某一年的生物量碳库。

根据中国森林覆盖率到 2050 年的发展规划（中国可持续发展林业战略研

究项目组，2002），我国未来还要进行大面积造林，林分面积增加的部分见表7-4。在本方法中，假设未来森林面积增加量即为新造林面积，且假设新造林各树种比例与现有人工林中各树种的面积比例相等，从而可以估算出未来新造林中各树种林分的面积。结合上述 Logistic 方程推算出新造林的生物量密度，进而求得新造林的生物量及其碳库。

将已有森林和新造森林的碳库累加，既得到未来中国森林林分的总碳库。

（3）主要结果

综合现有森林和新造森林的碳库变化，到2050年中国森林林分总碳库的变化如表7-8所示。到2050年中国森林总碳库将达到13.1Pg C，与1999~2003年森林资源调查时相比，新增碳汇为7.2Pg C，平均每年增长144.5Tg C/年（徐冰等，2010）。该方法较转移矩阵法的结果偏高，主要是因为转移矩阵法中假设各龄级的碳密度不变，而林龄与生物量碳密度关系法是随年龄增长而不断增加的。这就导致转移矩阵中过熟林碳密度保持恒定，原有的过熟林生长后也不能进入下个龄级，因此可能会低估过熟林的碳库。

表7-8　林龄－生物量密度关系法预测的未来中国森林碳库（徐冰等，2010）

年份	现有森林碳库（Pg C）	新增森林碳（Pg C）	森林总碳库（Pg C）
2000 年	5.9	0.0	5.9
2010 年	7.4	0.3	7.7
2020 年	8.5	0.9	9.4
2030 年	9.3	1.5	10.8
2040 年	9.8	2.2	12.0
2050 年	10.2	2.9	13.1

7.2.3　森林生物量碳汇潜力小结

我国森林覆盖率到2050年的发展规划提出（中国可持续发展林业战

略研究项目组，2002），到 2020 年和 2050 年我国森林面积将分别增加到
$225.3 \times 10^6 hm^2$ 和 $272.3 \times 10^6 hm^2$，与 1999~2003 年森林清查相比，森林面
积将分别净增加 $50 \times 10^6 hm^2$ 和 $97 \times 10^6 hm^2$；其中，林分面积分别净增加
$44 \times 10^6 hm^2$ 和 $84 \times 10^6 hm^2$。这与在 2009 年 9 月的联合国气候变化峰会上，我
国提出到 2020 年我国森林面积比 2005 年增加 4000 万 hm^2 的目标一致。以该
造林规划为标准，分别以基于转移矩阵和基于林龄与生物量密度关系两种方
法预测，结果显示：到 2020 年林分生物量净吸收碳量分别为 1.3Pg C 和 3.5Pg C。
到 2050 年，林分净吸收碳量分别为 2.9Pg C 和 7.2Pg C。这将对减缓大气 CO_2
浓度增加发挥重要作用。

7.3　陆地碳汇对化石燃料排放量的贡献

依据上述两种预测方法得到 2050 年我国森林林分生物量碳汇结果，在此
基础上，进一步求算其占化石燃料排放的比例（表 7-9）。如果按照排放配额
进行估算，那么我国森林生物量碳汇将可以抵消 2005~2050 年化石燃料排放的
5.9%~15.0%。但如果以不同情景预测的化石燃料排放量为基准的话，则抵消比
例将有所减少。

表 7-9　预测未来森林林分碳汇在各排放情景下抵消化石燃料排放的比例

情景	2005~2020 年			2020~2050 年			2005~2050 年		
	排放量 (Pg C)	转移矩阵法	林龄-生物量密度关系法	排放量 (Pg C)	转移矩阵法	林龄-生物量密度关系法	排放量 (Pg C)	转移矩阵法	林龄-生物量密度关系法*
碳汇 (Pg C)		1.3	3.5		1.6	3.7		2.9	7.2
配额 1	22.4	5.8%	15.6%	25.6	6.3%	14.5%	48	6.0%	15.0%
配额 2	22.4	5.8%	15.6%	26.2	6.1%	14.1%	49	5.9%	14.7%

注：其中配额 1 和配额 2 的计算见本书第 4 章；预测方法详见第 6 章
* 林龄 - 生物量密度关系法中的 2005 年数据采用 1999~2003 年清查数据替代

需要说明的是，本结果仅是森林林分的生物量预测结果。如果考虑森林土壤以及其他植被类型的生物量及其土壤碳储量变化，那么中国陆地生态系统的碳汇将比本章的估计值要大得多。一般来说，整个陆地生态系统的碳汇是森林生物量碳汇的 2~2.5 倍，那么，2005~2050 年，我国陆地生态系统总碳汇将在 6~18Pg C。

7.4　结语

本章采用基于地面观测的尺度转换法详细研究了中国森林生物量碳库的现状，并整合了其他植被生物量碳库和土壤有机碳变化的研究结果，得到中国陆地生态系统在 20 世纪 80 年代初到 21 世纪初的年均碳汇为 160.6Tg C/ 年（表 7-10）。如果加上每年积累到木材产品中的碳（0.009Pg C），则年均碳汇为 0.17Pg C/ 年，结果与 Piao 等（2009）采用多个生态系统碳模型法得到的平均结果一致，但低于其大气反演模型结果（0.261Pg C/ 年）。因此，中国陆地生态系统在 20 世纪 80 年代和 90 年代平均每年净吸收的 CO_2 为 0.17~0.26Pg C，相当于抵消了我国同期化石燃料排放的 25%~37%。

表 7-10　中国陆地碳汇现状及碳汇潜力（单位：Tg C/ 年）

碳组分	生态系统类型	过去碳汇（1980~2000 年）	未来碳汇潜力（2000~2050 年）
植被	森林	70.2	101.8
	非森林	30.8	—
	植被小计	101	—
土壤	森林	4.7	—
	非森林	54.9	—
	土壤小计	59.6	—
生态系统	合计	160.6	229.1

此外，我国在未来几十年仍要进行大规模造林。因此，本研究依据林业发展规划，预测了 2000~2050 年，我国森林林分的年均碳汇为 101.8Tg C/ 年（两

种预测结果的平均值），碳汇速率是过去林分碳汇速率的近 2 倍。仅森林林分碳汇，就能抵消我国未来同期化石燃料排放 CO_2 的 5.9%~15.0%。一般来说，整个陆地生态系统的碳汇是森林生物量碳汇的 2~2.5 倍。如果按 2.25 这个比例来算，2000~2050 年我国陆地生态系统碳汇将高达 229.1Tg C/ 年，能够抵消我国未来同期化石燃料排放的 13.3%~33.8%。

我国省区市碳排放格局及碳减排策略

8

岳　超　郑天立　胡雪洋　朱江玲
王少鹏　方精云

8.1 我国不同省区市及区域的碳排放与碳排放强度

我国地域广阔,自然资源分布不均,加之不同区域社会经济历史条件存在较大差异,导致我国区域经济发展水平呈现较大的不均衡性(蔡昉和都阳,2000;贺灿飞和梁进社,2004;徐建华等,2005),同时也导致了碳排放的区域差异。我国已经制定了 2020 年与 2030 年 GDP 碳排放强度较 2005 年分别降低 40%~45% 与 60%~65% 的目标,这一目标的实现有赖于省(自治区、直辖市;以下简称省区市)层面的节能减排,以及行业层面的产业结构调整和技术进步。因此,探讨我国不同省区市的碳排放和碳排放强度差异及其驱动因素,有助于制定科学、合理的国内碳减排政策。

8.1.1 数据来源和计算方法

本章采用前面各章所采用的美国橡树岭国家实验室二氧化碳信息分析中心(Boden et al.,2009)所报告的各国碳排放数据,包括煤、石油、天然气燃烧和水泥生产导致的碳排放。该数据库计算各国碳排放的方法是排放系数法,即根据各国不同类别化石能源的消费量、该能源类别的含碳量和燃烧程度计算不同类别能源的碳排放。对于工业活动如水泥生产,根据活动规模(即水泥生产量)和排放系数(如单位水泥产量的碳排放)计算其排放量。最后,将各排放源的排放量相加得到总碳排放。

排放系数法适合进行大规模的碳排放清单调查,也是 IPCC(2013)推荐的方法。对于我国各省区市的碳排放而言,根据其煤、石油、天然气消费数据和水泥产量数据,利用排放系数法能够计算出各省区市的碳排放量。能源研究所"中国可持续发展能源暨碳排放分析"课题组(2003)曾经粗略计算过适用于我国的煤、石油和天然气的排放因子,与 IPCC(2006)默认的排放因子比较接近。然而,为了保持数据与前面各章的一致性,本章未利用排放系数法计算各省区市的碳排放,而是采用了将 CDIAC 数据按照各省区市的能源消费占全国消费量的比例进行分摊的方法。考虑到煤、石油和天然气占各省区市能源消费量的比例可能不同,分别计算了其煤、石油、天然气消费量占全国煤、石油、天然气消费量的比例,再乘以我国对应的 CDIAC 数据库的煤、石油、天然气排放量,可得到各省区市不同能源类别的碳排放量。

由于《中国能源统计年鉴》并未直接给出我国不同地区的煤、石油、天然气消费量，因此使用各省区市的煤炭、焦炭、原油、燃料油、汽油、煤油、柴油和天然气消费数据等将不同类别能源折算为标准煤单位的折算系数计算煤、石油、天然气消费量。其中，不同类别能源消费量数据来自 1997~1999 年、2004 年、2008 年及 2011 年《中国能源统计年鉴》，统一采用了《中国能源统计年鉴 2013》附录 4 中各种能源换算为标准煤单位的折算系数。然后，计算各省区市煤、石油、天然气消费占全国消费量的比例，并进一步计算其煤、石油、天然气消费的碳排放。受数据资料限制，仅计算了 1995~2010 年的逐年碳排放。

各省区市水泥生产排放采用与能源排放类似的方法计算。根据 1996~2011 年《中国统计年鉴》中各省区市水泥产量数据，计算其产量占全国总产量的比例，再乘以相应的全国水泥排放量，便可得到省区市水泥生产排放数据，将水泥生产排放与能源排放相加，即为总碳排放量。

为了衡量各省区市碳排放的经济绩效，我们计算了其人均碳排放和碳排放强度。碳排放强度包括 GDP 碳排放强度（国家层面）和地区生产总值碳排放强度（省和区域层面），即单位 GDP 或单位地区生产总值的碳排放量。地区生产总值数据和人口数据来自《中国统计年鉴 2011》，国内生产总值和地区生产总值数据统一换算为 2005 年价。

为了探讨我国各省区市和东部、中部、西部地区碳排放和碳排放强度的区域格局，采用 Theil 系数研究了 1995~2007 年各省区市碳排放强度差异的变化及其来源。衡量区域差异的相对差距测度方法主要有变异系数、基尼系数和 Theil 系数等（贺灿飞和梁进社，2004）。其中 Theil 系数的最大优点是具有在不同地区间进行分解的性质，即国家尺度上省际碳排放强度总体差异可以分解为东部、中部、西部地区区域之间的差异和区域内部省际差异之和。Theil 系数的计算公式为：

$$T = \sum_{i=1}^{n} (\text{GDP}_i / \text{GDP}) \times \log \frac{C_i / C}{\text{GDP}_i / \text{GDP}}$$

式中，n 为参与计算的省区市个数；GDP_i 为各省区市地区生产总值；GDP 为全国 GDP 或区域（东 / 中 / 西部地区）生产总值；C_i 为 i 省区市的碳排放；C 为全国总碳排放或区域碳排放。

本书东部、中部、西部地区的划分与国家统计局的一致，其中西部地区包括重庆、四川、贵州、云南、西藏、陕西、甘肃、宁夏、青海、新疆 10 个省区市；中部地区包括山西、内蒙古、吉林、黑龙江、安徽、江西、河南、湖北、湖南 9 个省区；除香港、澳门、台湾以外的其他省区市列入东部地区。

8.1.2　1995~2007 年各省区市的碳排放和碳排放强度

我们分别计算了 1995~2010 年我国各省区市及东部、中部、西部地区的逐年碳排放、人均碳排放以及碳排放强度，并分 1995~1999 年、2000~2004 年、2005~2010 年三个时段计算了各期的平均碳排放、人均碳排放和碳排放强度。2005~2010 年各省区市和东部、中部、西部地区的碳排放有关指标值汇总于表 8-1。1995~1999 年及 2000~2004 年有关的碳排放指标汇总于附表 9 和附表 10。图 8-1 展示了 2005~2010 年各省区市碳排放量、人均碳排放和碳排放强度大小的排序结果。

2005~2010 年我国年均排放为 19.1 亿 t C，东、中、西部地区排放占全国碳排放的比例分别为 48%、34% 和 18%，山东、河北、山西、江苏、河南和辽宁的排放量较高，均在 1 亿 t C/ 年以上，六省排放之和占全国排放量的42.4%。2005~2010 年我国人均碳排放为 1.44t C/ 人，人均碳排放区域排序为：东部 > 中部 > 西部。不同省区市人均碳排放差异较大，内蒙古、山西、宁夏的人均碳排放较高，均高于全国平均值的 2 倍；而海南、四川、江西等省人均排放较低，为全国平均水平的一半左右。

我国不同区域和省区市间的碳排放强度差异较大。中部和西部地区的碳排放强度相差不大，均远远高于东部地区，约为后者的 2 倍。山西、内蒙古、宁夏、贵州等省区市的碳排放强度较高，均超过 1.5t C/ 万元，约是全国平均水平（0.76t C/ 万元）的两倍；北京、广东、上海的碳排放强度较低，仅为0.27~0.4t C/ 万元，为全国平均水平的一半左右。

碳排放与经济发展关系的 4 种极端模式为：高排放低增长、低排放高增长、高排放高增长与低排放低增长。图 8-2 通过对比各省区市 1995~2010 年平均碳排放强度和地区生产总值年均增长率，将各省区市粗略地放在了发展模式框架图内。模式图以 1995~2010 年的全国平均碳排放强度和 GDP 年均增长率

表 8-1　不同地区 2005~2010 年碳排放相关计算指标

地区	煤（千吨碳）	石油（千吨碳）	天然气（千吨碳）	水泥（千吨碳）	碳排放总量（千吨碳）	能源产量（万吨标准煤）	地区生产总值（亿元，2005年价）	人口（万人）	人均GDP（万元）	人均碳排放（t C/人）	人均能源产量（吨标准煤/人）	GDP碳排放强度（t C/万元）
北京	12 481	8 169	2 604	1 492	24 746	1 888	9 461	1 694	5.58	1.47	0.82	0.27
天津	18 817	6 768	743	855	27 183	5 058	5 404	1 156	4.67	2.35	4.35	0.53
河北	122 159	9 034	818	13 130	145 141	13 958	13 429	6 985	1.92	2.08	1.13	1.11
山西	120 850	2 761	523	3 653	127 787	53 748	5 926	3 423	1.73	3.73	3.08	2.28
内蒙古	88 075	4 823	1 466	4 459	98 823	29 410	6 523	2 416	2.70	4.08	1.63	1.63
辽宁	69 334	32 495	756	5 260	107 845	15 062	11 262	4 300	2.62	2.51	2.40	1.00
吉林	32 474	6 166	621	3 314	42 575	5 124	5 242	2 732	1.92	1.56	1.02	0.85
黑龙江	40 487	12 434	1 379	2 801	57 101	16 547	6 957	3 825	1.82	1.49	2.47	0.83
上海	24 140	16 488	1 430	1 199	43 257	3 401	11 961	1 927	6.21	2.26	1.78	0.37
江苏	87 541	17 234	2 308	16 947	124 031	8 505	25 845	7 654	3.38	1.62	0.86	0.50
浙江	49 144	17 714	810	13 925	81 595	4 587	18 158	5 114	3.55	1.59	0.89	0.46
安徽	44 812	3 875	290	7 760	56 737	9 111	7 464	6 095	1.22	0.93	0.39	0.78
福建	25 722	6 235	324	5 972	38 253	3 389	9 100	3 600	2.53	1.06	0.53	0.43
江西	22 765	3 736	86	6 902	33 489	3 695	5 782	4 385	1.32	0.76	0.37	0.60
山东	137 479	29 888	1 475	19 968	188 810	23 928	25 457	9 400	2.71	2.01	1.47	0.77
河南	94 237	6 595	1 723	12 847	115 403	19 917	14 777	9 409	1.57	1.23	0.62	0.81
湖北	45 424	9 472	662	8 411	63 970	4 561	9 464	5 710	1.66	1.12	0.66	0.71
湖南	42 698	5 892	380	8 177	57 147	6 513	9 541	6 397	1.49	0.89	0.34	0.63
广东	50 584	30 501	2 316	13 222	96 623	9 309	30 605	9 595	3.19	1.00	0.96	0.32

（续表）

地区	煤（千吨碳）	石油（千吨碳）	天然气（千吨碳）	水泥（千吨碳）	碳排放总量（千吨碳）	能源产量（万吨标准煤）	地区生产总值（亿元，2005年价）	人口（万人）	人均GDP（万元）	人均碳排放（t C/人）	人均能源产量（吨标准煤/人）	GDP碳排放强度（tC/万元）
广西	20 847	3 304	61	6 810	31 022	1 960	5 773	4 738	1.22	0.66	0.32	0.55
海南	1 819	3 578	1 207	1 005	7 610	915	1 255	849	1.48	0.89	1.07	0.60
重庆	21 732	1 616	2 203	4 315	29 867	3 794	4 748	2 834	1.68	1.05	0.29	0.65
四川	45 309	5 228	5 783	9 933	66 253	11 806	10 485	8 146	1.29	0.81	0.66	0.65
贵州	38 834	1 448	228	3 226	43 737	10 192	2 897	3 720	0.78	1.18	0.59	1.58
云南	37 141	2 670	246	5 474	45 531	7 828	4 729	4 527	1.04	1.00	0.56	0.99
陕西	35 221	10 243	2 005	4 810	52 279	23 139	5 897	3 745	1.17	1.40	2.42	0.91
甘肃	19 647	7 160	589	2 300	29 696	5 292	2 669	2 607	1.57	1.14	0.96	1.15
青海	5 234	883	-882	686	7 685	2 046	811	553	1.02	1.39	2.53	0.99
宁夏	17 168	1 304	499	1 226	20 196	3 479	973	614	1.47	3.28	1.55	2.18
新疆	23 862	10 824	3 293	2 271	40 251	12 749	3 522	2 105	1.58	1.90	4.34	1.15
西藏	—	—	—	231	231	23	335	287	1.67	0.08	0.07	0.07
东部地区	455 255	115 231	15 071	99 786	916 115	91 959	167 711	57 012	1.61	1.60	1.17	0.56
中部地区	696 823	120 362	7 713	58 323	653 030	148 625	71 675	44 391	3.35	1.47	0.96	0.95
西部地区	245 968	44 955	16 935	34 472	335 725	80 348	37 066	29 138	2.76	1.15	1.17	0.93
全国	1 398 433	278 540	37 712	193 365	1 908 050	254 625	261 811	132 450	1.82	1.44	1.82	0.76

注：（1）所有与GDP有关的核算均采用2005年价。（2）西藏地区缺乏煤、石油和天然气消费数据，因此用其水泥生产碳排放代替其总排放。（3）海南、宁夏部分年份的煤和石油消费数据缺失，用与缺失年份相邻的两个年份的均值代替；西藏部分年份的水泥生产数据缺失，用与数据缺失年份相邻的两个年份的均值代替

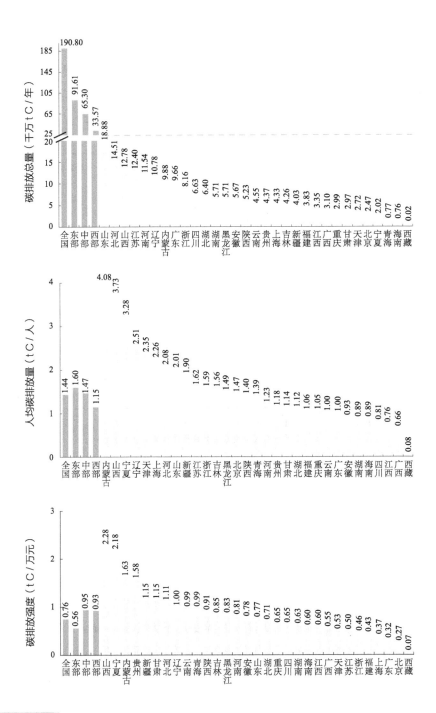

图 8-1 2005~2010 年全国及各省区市年均碳排放、人均碳排放及碳排放强度
西藏自治区仅包括水泥生产碳排放，故其总排放量、人均排放量和碳排放强度均比实
际值偏低，其数值不具有比较意义

为中心，将图 8-2 粗略地划分为 4 个象限，分别代表了 4 种不同的发展模式。平均而言，东部地区为低排放高增长模式，而中西部地区为高排放低增长模式。除福建、广西、海南、辽宁外，东部省区市均为低排放高增长模式；中西部省区市以高排放低增长模式占绝大多数，其次为高排放高增长。

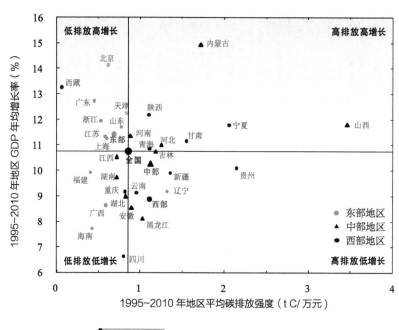

图 8-2 不同省区市及区域的经济增长模式

8.1.3 1995~2010 年省际碳排放强度差异及其分解

利用 Theil 系数研究 1995~2010 年我国省际碳排放强度差异的变化，从区域内部差异和区域之间差异的角度对省际碳排放强度差异进行了分解。1995~2010 年，我国碳排放强度省际差异变化不大（图 8-3a），东部、中部和西部三个地区区域内部省际碳排放强度差异存在趋同（图 8-3b）。这表明，1995~2010 年，我国不同省区市利用碳排放进行经济生产的绩效差异没有明显变化，可能意味着不同省区市间的分工没有显著变化。

当从区域之间和区域内部差异的角度对省际碳排放强度差异进行分解时，可以看出，我国碳排放强度省际差异主要是由东部、中部、西部地区的

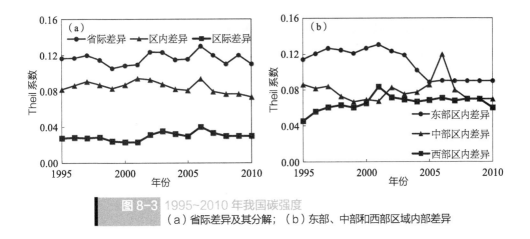

图 8-3 1995~2010 年我国碳强度

（a）省际差异及其分解；（b）东部、中部和西部区域内部差异

区域内部省际差异导致的（约占 77%），而区际差异所起的作用较小（约占 23%）。同样，碳排放强度省际差异的变动也由区内差异的变动主导。碳排放强度省际差异分解与人均地区生产总值省际差异的分解不同 。同一时期，我国省际人均地区生产总值的差异由区域之间的差异主导（约占 56%），而区域内部差异较小（约占 44%）。这表明，在经济发展水平方面，我国省际差异由区域之间的差异主导；而在碳排放的经济绩效差异方面，省际差异由区域内部的差异主导，这可能意味着在制定区域减排政策方面，需要采取与区域经济政策不同的区域划分视角。

8.2 区域碳排放强度差异及其与产业结构的关系

8.2.1 不同产业和行业的能源强度

我国化石能源消费导致的碳排放占总碳排放的 90%，能源消费与碳排放增长密切相关。1980~2010 年我国能源消费从 6.0 亿吨标准煤增加到 32.5 亿吨标准煤，增长了近 5 倍（图 8-4a），同期碳排放从 0.4Pg C 增长到 2.3Pg C，增长了 4.8 倍（图 8-4b）。1980~2010 年中国能源强度和碳排放强度均基本保持下降趋势，分别下降了 75% 和 68%。碳排放强度下降幅度高于能源强度表明，就整体而言，我国的能源结构在不断改善。

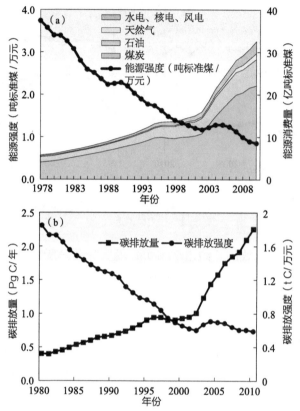

图 8-4 1980~2010 年中国的能源消费和碳排放
（a）我国能源消费构成及能源强度；（b）我国碳排放量及碳排放强度
数据来源：《中国能源统计年鉴》《中国统计年鉴》和美国橡树岭国家实验室，
作者计算，GDP 为 2005 年价

　　能源消费是由经济活动导致的，不同经济部门的能源消费不同。图 8-5 给
出了 2010 年我国不同经济部门能源消费占总能源消费的比例。其中第一产业
占能源消费的比例最低，仅为 2%；第三产业约占能源消费的 1/4；第二产业
占能源消费的比例为 73%，表明第二产业是最重要的能源消费部门。建筑业
仅占第二产业能源消费的极少一部分，工业是主要的能源消费部门，而制造
业又是工业中的主要能源消费部门。

　　第一产业、第二产业和第三产业间以及工业内部不同行业间的能源强度
差别极大（图 8-6，图 8-7），因而仅仅获知不同经济部门能源消费占总能源
消费的比例并不能说明不同经济部门的能源利用效率。《中国能源统计年鉴》
给出了不同行业的能源消费状况，《中国工业经济统计年鉴》给出了不同工

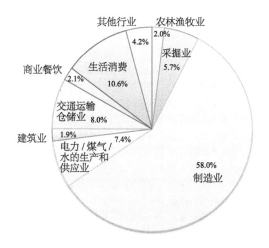

第一产业即为农业；第二产业包括工业和建筑业，工业包括采掘业、制造业以及电力 /
煤气 / 水的生产和供应业；交通运输仓储业、商业及服务业、其他行业和生活消费属于
第三产业。数据源于《中国能源统计年鉴 2011》

业行业增加值，利用这些数据很容易计算出不同工业行业的能源强度。图 8-6 中
给出了纳入统计年鉴的 38 个工业行业 2007 年的能源强度（其他采矿业未包括在
图中）。黑色金属冶炼及压延加工业的能源强度最高，为 5.78 吨标准煤 / 万元；
而烟草制品业的能源强度极低，仅为 0.09 吨标准煤 / 万元，为前者的 1%。因此，
同样的经济产出规模，由于其产业结构不同，能源消费量将相差极大。

　　根据 2007 年 38 个不同工业行业的能源强度排序，可以粗略地将其按三
等分划分为低耗能行业、中耗能行业和高耗能行业，并分别计算不同耗能行
业产值占 GDP 的比例和其能源消费量占总能源消费的比例。同时还计算了第
一产业、第二产业（包括工业和建筑业）和第三产业增加值占 GDP 比例和
能源消费比例，最后计算了上述所有产业 / 行业的能源强度（图 8-7）。由图
8-7 可见，第一产业和第三产业经济产出占 GDP 比例高于其能源消费占总能
源消费的比例，第二产业则相反。建筑业产出比例高于能源消费比例，表明
第二产业的经济产出比例低于能源消费比例的现象主要是由工业导致的，而
工业产出中占主导地位的又是高耗能行业。高耗能行业经济产出比例远远低
于能源消费比例，是导致工业经济产出比例低于能源消费比例的原因。同样，
高耗能产业的能源强度最高（3.51 吨标准煤 / 万元），是农业、低耗能行业、
建筑业等能源强度较低的产业 / 行业的 10 倍。

能源强度（吨标准煤/万元）

行业	能源强度
黑色金属冶炼及压延加工业	5.78
石油加工、炼焦及核燃料加工业	4.64
非金属矿物制品业	4.57
化学原料及化学制品制造业	4.04
有色金属冶炼及压延加工业	2.60
水的生产和供应业	2.39
电力、热力的生产和供应业	2.28
燃气生产和供应业	2.19
化学纤维制造业	2.09
造纸及纸制品业	2.09
非金属矿采选业	2.00
煤炭开采和洗选业	1.66
黑色金属矿采选业	1.54
工艺品及其他制造业	1.53
橡胶制品业	1.43
纺织业	1.38
金属制品业	1.03
有色金属矿采选业	0.92
木材加工及木竹藤棕草制品业	0.88
塑料制品业	0.83
食品制造业	0.77
石油和天然气开采业	0.62
饮料制造业	0.57
医药制造业	0.56
通用设备制造业	0.55
农副食品加工业	0.55
专用设备制造业	0.51
印刷业和记录媒介的复制	0.51
文教体育用品制造业	0.41
交通运输设备制造业	0.37
废弃资源和废旧材料回收加工业	0.33
纺织服装、鞋、帽制造业	0.33
电气机械及器材制造业	0.28
皮革、毛皮、羽毛及其制品业	0.28
通信、计算机及其他电子设备业	0.28
家具制造业	0.25
仪器仪表及文化办公机械制造业	0.24
烟草制品业	0.09

图 8-6 不同工业行业的能源强度（2007 年）
行业增加值以 2005 年价计算

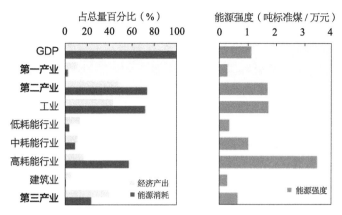

图 8-7 三大产业以及不同工业部门占经济产出和能源消耗的比例及其能源强度
以 2005 年价计算

8.2.2　产业结构对能源强度和碳排放强度的影响

由 8.2.1 节的分析可以得出，第二产业能源强度受工业能源强度和工业占第二产业比例的影响，而工业能源强度又取决于工业结构中高、中、低耗能行业的比例。在一段时期内，经济能源强度的变化主要由两方面的因素决定：组成经济各部门的能源强度的变化，以及各部门间相对比例（即经济结构）的变化。碳排放强度变化的决定因素与能源强度类似。一段时期内 GDP 能源强度的变化取决于第一产业、第二产业、第三产业能源强度的变化和产业结构变化。同样，工业能源强度的变化则取决于高、中、低耗能行业能源强度的变化和高、中、低耗能行业的相对比例。

下面将用这一分析框架回顾我国 GDP 能源强度、各产业能源强度和工业能源强度的变化，并从工业增加值占 GDP 比例和高耗能行业占工业总产值比例的角度，说明东部、中部、西部地区碳排放强度的差异。

在上节中粗略地将 2007 年纳入《中国工业经济统计年鉴》的 38 个工业行业分成了高耗能、中耗能和低耗能行业。这里将要分析的是 1994~2007 年工业结构的变化。由于缺乏 1995 年、1996 年、1998 年、2004 年按地区统计的分行业产值数据，本研究计算了 1994~2007 年除前述年份外的全国和东部、中部、西部地区以及各省区市低、中、高耗能行业占工业总产值的比例。

为了沿用前面对工业结构的划分框架，从 38 个工业行业中筛选出

1994~2007 年每一年都有产值数据的 25 个行业。根据 2007 年这 25 个行业的能源强度由低到高的顺序，将这 25 个行业划分为低、中、高三类耗能行业：①前 1/3 定为低耗能行业（能源强度 0~0.56 吨标准煤／万元），包括烟草制品业，仪器仪表及文化办公用机械制造业，通信、计算机及其他电子设备制造业，电气机械及器材制造业，交通运输设备制造业，专用设备制造业，农副食品加工业，通用设备制造业，医药制造业 9 类行业；②中间 1/3 定为中耗能行业（能源强度 0.57~1.66 吨标准煤／万元），包括饮料制造业、石油和天然气开采业、食品制造业、有色金属矿采选业、金属制品业、纺织业、黑色金属矿采选业、煤炭开采和洗选业 8 类行业；③后 1/3 定为高耗能行业（能源强度 1.66~5.78 吨标准煤／万元），包括造纸及纸制品业，化学纤维制造业，电力、热力的生产和供应业，有色金属冶炼及压延加工业，化学原料及化学制品制造业，非金属矿物制品业，石油加工、炼焦及核燃料加工业，黑色金属冶炼及压延加工业 8 类行业。

利用《中国能源统计年鉴》（1997~1999/2004/2008）和《中国工业经济统计年鉴》（1995/1998/2001~2004/2006~2008）中的各行业能耗数据和分地区分行业产值数据，以及《中国统计年鉴》中的相关数据，计算了 1994~2007 年 GDP 能源强度，第一产业、第二产业、第三产业能源强度（图 8-8a），1994~2007 年三大产业占 GDP 比例（图 8-9），以及 1994~2007 年工业，高、中、低耗能行业和建筑业的能源强度（图 8-8b）。

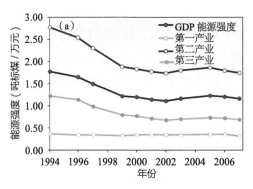 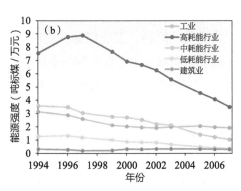

图 8-8 1994~2007 年 GDP 和三大产业（a），以及工业和高、中、低耗能行业和建筑业的能源强度（b）（2005 年价）

由图 8-8a 可以看出，1994~2007 年我国 GDP 能源强度整体呈下降趋势，1995~2002 年持续下降，而 2003~2005 年能源强度略有上升，后又开始下降。

第二产业和第三产业能源强度的变化趋势与 GDP 能源强度比较类似，第二产业 2003~2005 年的增加趋势更加明显。由图 8-9 可以看出，2002 年后第二产业增加值占 GDP 的比例也开始上升，而第一产业和第三产业增加值占 GDP 比例持续下降。因此，第二产业增加值占 GDP 比例上升及其能源强度上升是 2002~2005 年 GDP 能源强度上升的驱动因素。

　　第二产业包括工业和建筑业，其能源强度的变化取决于工业和建筑业能源强度的变化以及工业和建筑业占第二产业的比例变化。1994~2007 年，工业增加值占第二产业增加值的比例比较稳定，一直维持在 87%~89%。同时，建筑业能源强度的变化幅度较小，除 1997~1999 年较低外（0.22 吨标准煤 / 万元），其余时间为 0.28~0.35 吨标准煤 / 万元。建筑业占第二产业产值的比例较低，

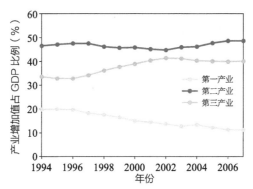

图 8-9 1994~2007 年三大产业增加值占 GDP 比例

能源强度变化幅度较小，因此第二产业能源强度的变化主要取决于工业能源强度的变化。1994~2002 年，我国工业能源强度持续下降（图 8-8b），同期第二产业能源强度也随之下降（图 8-8a），但 2002~2005 年，工业能源强度上升，同期第二产业能源强度也呈上升趋势。

　　将工业不同行业划分为低、中、高耗能行业后，我们计算了 1994~2007 年我国全国、东部、中部和西部地区工业增加值占 GDP 比例，以及低、中、高耗能行业占工业产值的比例，结果展示于图 8-10。

　　1994~2007 年工业能源强度的变化取决于低、中、高耗能产业能源强度的变化及各耗能行业占工业产值相对比例的变化。1994~2003 年全国水平上高耗能行业占工业产值比例没有明显变化，低耗能行业所占比例持续增加，而中

耗能行业所占比例逐渐下降（图 8-10a）。同期，低、中、高耗能产业能源强度均呈下降趋势（高耗能产业在初期有所上升），这有助于解释 1994~2003 年工业能源强度的持续下降。而 2003 年后，尽管低、中、高耗能行业能源强度持续下降的趋势没有改变，但高耗能行业占工业产值的比例却快速上升，低耗能行业占工业产值的比例急剧下降（图 8-10a）。可以推断的是，2003~2005 年，高耗能产业占工业产值比例的突然上升抵消了低、中、高耗能产业能源强度持续下降的影响，导致了 2003~2005 年工业能源强度的上升。

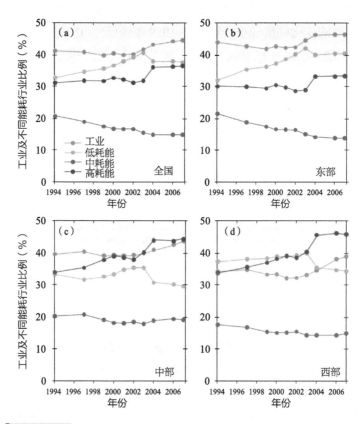

图 8-10　1995~2007 年全国及不同区域工业增加值占 GDP 比例及低、中、高耗能行业占工业产值的比例

综上所述，在长期内，经济能源强度的变化既取决于每一行业 / 产业能源强度的变化，又取决于行业 / 产业结构的变化。一般而言，随着技术进步，行业 / 产业能源强度将逐渐下降，但当高耗能行业 / 产业占经济产出的比例快

速上升，且结构效应导致的经济整体能源强度上升效应超过行业/产业能源强度变化的下降效应时，整个经济的能源强度将趋于上升。这一描述也同样适用于解释碳排放强度的变化。

图 8-11 给出了 1995~2007 年我国全国、东部、中部和西部地区的 GDP 碳排放强度变化。东部、中部和西部地区碳排放强度呈现与全国碳排放强度相同的变化趋势，全国 GDP 碳排放强度的变化趋势与 GDP 能源强度的变化趋势一致（图 8-8a）。1995~2002 年我国碳排放强度呈持续下降趋势，至 2003 年时略有上升，此后继续下降。中部和西部地区的碳排放强度非常接近，均远远高于东部地区。

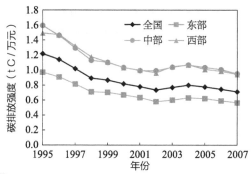

图 8-11 1995~2007 年全国及不同区域碳排放强度（2005 年价）

前面已经说明，工业增加值占 GDP 比例越高，高耗能产业占工业产值比例越高，能源强度就越高，在能源结构变化不大时，对应的碳排放强度就越高。全国以及东部、中部、西部地区 2002 年后碳排放强度上升，与 2002 年后工业增加值占 GDP 比例和高耗能行业占工业产值比例的普遍增加密切相关（图 8-10）。此外，尽管 1994~2007 年东部地区工业增加值占 GDP 比例高于中部和西部地区，但中部、西部地区高耗能行业占工业产值比例远远高于东部地区（2007 年差值高达 10%），这是同一时期中部、西部地区碳排放强度远远高于东部地区的重要原因。

8.2.3 1995~2007 年我国省区市碳排放强度的影响因素

前面已经探讨了我国不同区域碳排放强度的差异以及产业结构对碳排放

强度的影响，这一节试图从省区市经济发展水平、能源资源禀赋和能源消费结构以及产业结构的角度探讨其碳排放强度的影响因素。需要注意的是，我国的整体经济增长是在不断推进市场化改革、放松政府对经济的直接控制、推进工业化、引入外资、通过产品和技术贸易融入全球经济的背景下实现的，这也是我国不同省区市能源消费和能源利用的宏观经济背景。因此，对于省区市能源强度差异的研究，离不开这个大背景。

目前的研究已经阐明，经济发展水平、全球化程度、外商直接投资水平、经济结构和工业产业结构、技术创新、市场化程度、能源资源禀赋、能源价格等都是造成能源强度地区差异的原因。吸引外商直接投资、加强技术创新、提高第三产业占 GDP 的比例、减少政府对市场的直接干预、提高能源价格都有助于降低省区市的能源强度。而第二产业占 GDP 比例越高，能源资源禀赋越丰富，则能源强度越高（董利，2008；贺灿飞和王俊松，2009；屈小娥和袁晓玲，2009；王军和仲伟周，2009）。

在总结和借鉴前述研究的基础上，利用逐步线性回归方法探讨省区市经济发展水平、能源资源禀赋和能源消费结构以及产业结构对碳排放强度的影响。其中，经济发展水平用地区生产总值和人均地区生产总值表征，能源资源禀赋用人均化石能源产量表征，能源消费结构用煤炭占化石能源消费的比例衡量，产业结构用高耗能行业占工业产值比例和第三产业增加值占地区生产总值比例表征。以上述变量为自变量、碳排放强度为因变量，利用逐步线性回归方法进行分析。

各省区市人口数据和地区生产总值数据来自《中国统计年鉴 2011》（国家统计局，2011），地区生产总值统一换算为 2005 年价。利用《中国能源统计年鉴》中的分地区原煤、焦炭、原油、燃料油、汽油、煤油、柴油、天然气生产量数据，统一换算为标准煤单位，计算各省区市的人均化石能源产量。利用逐步线性回归方法，分别对 1995~1999 年、2000~2004 年和 2005~2007 年三个时期的碳排放强度影响因素进行了分析。为消除年际波动影响，自变量和因变量均使用相应时期的平均值，回归分析中将变量纳入模型的显著性阈值为 0.05。逐步线性回归的分析结果列于表 8-2。

回归结果显示，人均能源产量、高耗能行业占工业产值比例和煤炭占化石能源消费比例三个变量被纳入回归模型（表 8-2）。每一时期，三个变量均能够解释省际碳排放强度差异的 80% 以上。

表 8-2　1995~1999 年、2000~2004 年、2005~2007 年
三个时期逐步线性回归结果

时期	人均能源产量	高耗能产业占工业产值比例	煤炭占化石能源消费比例	R^2
1995~1999 年	0.34	2.49	1.00	0.87
2000~2004 年	0.22	2.25	0.83	0.82
2005~2007 年	0.10	1.95	0.61	0.83

注：表中数值为变量回归系数；当显著水平为 0.05 时，所有变量都显著

　　除了工业行业结构对碳排放强度具有显著影响外（8.2.2 节中已经说明），本研究还观察到能源资源禀赋也是碳排放强度的决定因素之一。一方面，由于碳排放强度较高的产业多为能源和资源密集型产业，能源资源丰富的省区市发展这些产业具有比较优势；另一方面，由于我国长期以来对能源价格实行管制，导致能源定价不能完全市场化，能源价格低于市场均衡价格导致企业倾向于以相对廉价的能源替代更加昂贵的高能效设备、技术和生产方式，从而导致能源的过度需求，同时推高经济的碳排放强度（茅于轼等，2009）。

　　最后，煤、石油、天然气释放同样单位的热量时，排放的碳以煤最多，石油次之，天然气最少（根据国家发展改革委能源所的排放系数，每释放 1kg 标准煤的热量，煤、石油和天然气分别排出的碳为 0.75kg、0.58kg 和 0.44kg）。因此，能源消费中煤炭比例越大，碳排放强度越大。

8.2.4　2005~2007 年不同省区市的产业结构

　　前已述及产业结构对碳排放强度具有显著影响，这一节探讨 2005~2007 年我国不同省区市和区域的产业结构，以期对制定产业调整政策、减少碳排放有所借鉴。利用 2006~2008 年《中国统计年鉴》中 2005~2007 年的地区生产总值数据，计算了 2005~2007 年不同省区市和区域第一产业、第二产业和第三产业增加值占地区生产总值的比例，并计算了其相对于全国三次产业比例的偏离程度，作为不同省区市和区域三次产业结构的比较，结果展示于图 8-12。

　　2005~2007 年平均而言，我国第一产业、第二产业和第三产业占 GDP 的比例分别为 11%、50%、39%，第二产业仍然占主导地位，占 GDP 的一半。

全国水平上工业占第二产业的比例为 **89%**，其余为建筑业。整体上东部地区的第二产业和第三产业相对发达，第二产业和第三产业比例高于全国平均水平；中部地区第一产业和第二产业比例较高；西部地区第一产业比例较高，第二产业和第三产业比例较低。东部、中部、西部地区三次产业结构的特点反映了东部地区工业较为发达、经济发展较快的现状，相对于东部地区而言，中西部地区经济发展更多地依赖农业。

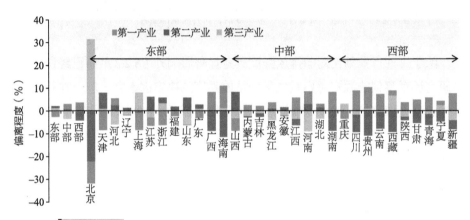

图 8-12 各省区市三次产业比例相对于全国三次产业比例的偏离程度

我们利用 2006~2008 年《中国工业经济统计年鉴》中的按地区分组产业产值数据，分别计算了 2005~2007 年不同行业产值占各省区市工业总产值的比例，以及不同省区市各行业产值占该行业全国产值的比例，最后将二者按照各占一半权重相加，给出了全国分省层面上的产业分布状况，以期能够为有针对性地制定不同省区市产业结构调整策略提供参考。计算中，将 2006 年和 2007 年的产业产值统一调整至 2005 年价，先求 2005~2007 年各省区市每个行业产值的平均值，再计算求得比例。

图 8-13 给出了不同省区市和区域各行业产值占该地区工业总产值的比例，这一比例可以代表该省/区域的工业行业结构。图 8-13 再次表明，东部地区以低耗能行业为主，电子通信设备制造业在东部地区工业结构中所占的比例较大，其次为交通运输设备制造业和电气机械及器材制造业。部分省区市个别高耗能行业比例较大，如河北的黑色金属冶炼及压延加工业、海南的石油加工及炼焦加工业。

中部地区基本呈现以高耗能行业为主、低耗能和中耗能行业并重的格局。

区域	地区	烟草加工业	仪器仪表及文化办公机械制造业	电子及通信设备制造业	电气机械及器材制造业	服装及其他纤维制品制造业	交通运输设备制造业	专用设备制造业	食品加工业	通用机械制造业	医药制造业	饮料制造业	石油和天然气开采业	食品制造业	有色金属矿采选业	金属制品业	纺织业	黑色金属矿采选业	煤炭采选业	非金属矿采选业	造纸及纸制品业	化学纤维制造业	电力、蒸汽、热水的生产和供应业	有色金属冶炼及压延加工业	化学原料及化学制品制造业	非金属矿物制品业	石油加工及炼焦加工业	黑色金属冶炼及压延加工业	低耗能	中耗能	高耗能
东部地区	北京		2	27	3	1	12	3	2	4	2	1		2		2			2				10		3	3	7	7	54	10	31
	天津			22	5		10	2	2	4	2		7	1		3							4	2	5	1	5	14	47	16	32
	河北				3		3	2	4	3	2	1	2	2		3	4	3	3		1		9	1	5	4	5	31	17	20	57
	辽宁			3	4	1	8	3	5	7	1		3			3	1	1	1				7	3	5	4	14	14	33	13	49
	上海	1	2	22	7	2	10	3		8	1			1		4	2						3	2	7	2	5	8	55	9	28
	江苏		2	16	7	3	4	3	2	6	1					4	9				1	2	4	3	10	2	2	9	43	15	35
	浙江		1	5	8	4	6	2	2	7	2					4	12				2	4	7	4	6	3	3	3	36	19	31
	福建	1	1	14	4	6	4	2	5	2		1		2		2	6				2	2	7	2	4	6	2	4	39	13	29
	山东			4	5	2	4	3	9	6	2	1	2	2		2	7		3		3		4	3	9	6	5	6	35	21	36
	广东		2	26	11	3	5	2	2	2			1	1		4	3				2		6	2	5	3	3	2	53	11	24
	广西	2		1	2		13	4	13	2	2	2		1	1		2				2		11	8	7	5	2	12	37	10	47
	海南	1			2		15		7		5	3		3	1	2	2	2			7		10		8	3	20	2	26	18	51
中部地区	山西						1	3	1	2								1	28				10	5	5	2	13	21	9	33	57
	内蒙古			2			2	2	7		1	1	1	7	2		5	2	12				13	8	5	3	3	16	15	33	49
	吉林						34	1	8	1	4	2	5	1					2			1	7	1	12	3	2	5	48	17	32
	黑龙江				2		5	3	7	5	2	2	29	3					4				10		3	1	14	2	23	42	33
	安徽	2		2	10		9	2	5	4	1	2		2		2	3		6				8	8	6	4	3	9	35	17	40
	江西	1		2	4	2	7		4	1	4	1		1	2	2	4		2		1		8	18	5	6	4	10	23	17	54
	河南	1			3		3	4	8	3	2	2	2	3	2	1	4		7		3		10	8	5	9	3	7	24	24	46
	湖北	2		4	3	2	18	1	4	4	2	2	1	1		2	5				1		10	3	7	4	5	10	39	15	42
	湖南	5		1	3		5	5	6	3	2	1		3	2	2	3		3		2		8	10	8	5	5	10	29	15	49
西部地区	重庆	2	2	1	5		35	2	3	4	3	1				1	2		2				7	7	6	4		5	54	11	31
	四川			5	4		6	3	8	6	3	6	3	2		2	3		3		1		8	4	8	5	1	10	33	21	39
	贵州	6		1	2		4	1	2		5	4		1		1			7				25	9	10	3	1	11	17	18	60
	云南	19			1		2		3	1	2	1			3				2				11	21	9	3	2	10	29	10	58
	西藏						1		3		15	10		2	11			8					16			25			4	46	42
	陕西	2		3	4		10	3	3	3	3	2	17	2	2		2		6				8	4	4	2	12	4	28	34	36
	甘肃	2			1			2	3	1	1	1	4		2				2				11	21	5	2	24	12	9	13	76
	青海									2	2		21		9				2				14	20	10	3		11	4	36	58
	宁夏							2	3	3	2	2		2		1	5		10		3		18	14	10	4	9	6	9	23	64
	新疆				2				4				36	2	1		3		2				5	1	3	2	23	7	7	46	44
合计	东部		1	13	7	2	6	3	4	5	1		1	1		3	6				2	1	6	3	7	3	4	8	42	15	34
	中部	2		1	3		8	3	6	3	2	2	4	2	1	1	3		7		1		9	7	6	5	5	10	27	23	45
	西部	4		2	3		8	2	4	3	2	3	8	1	1	1	2		3				10	9	7	4	7	8	27	23	46
	全国	1	1	10	6	2	6	3	4	4	2	1	2	1		3	5		2		2	1	7	4	7	4	5	8	38	17	37

<5　6 5~10　11 10~15　17 15~20　21 20~30　31 >30　低耗能　中耗能　高耗能

图 8-13 不同省区市和区域各行业产值占该省 / 区域工业总产值的比例

图中数字为百分比（%），不同区间数字用不同颜色表示，比例 <1% 的未给出确切值

高耗能行业以黑色金属冶炼和压延加工业、电力蒸汽热水生产供应业和有色金属冶炼为主；低耗能行业中吉林、湖北、安徽等省的交通运输设备制造业比例较大；中耗能行业中黑龙江的石油和天然气开采业、陕西和内蒙古的煤炭采选业比例较大。

西部地区工业结构以高耗能行业为主，中耗能行业次之，而低耗能行业比例最小。高耗能行业中比例较大的有电力蒸汽热水生产和供应业、有色金属冶炼和压延加工业、石油加工和炼焦加工业；中耗能行业中石油和天然气开采业比例较高；低耗能行业中云南的烟草加工业和重庆的交通运输设备制造业比例较高。

总体而言，东部地区的工业结构多以现代机械制造、电子电气设备制造、交通运输设备等技术和劳动密集型行业为主，该区域靠近出口市场、外来资金较为充足，且人才密集、交通便利等都为发展这些产业提供了较好的条件。而中部和西部地区多以矿产开采和冶炼、电力生产等资源密集型行业为主。矿产和能源资源丰富是这些行业在中部、西部得以发展的前提。

图 8-14 给出了不同行业中，不同省区市和区域内该行业产值占全国该行业产值的比例，这一比例代表某省/区域某行业在全国该行业中的重要程度，即全国水平上某行业的聚集程度。东部、中部和西部工业总产值占全国工业总产值的比例分别为73%、19% 和9%。东部地区在全国工业中的地位举足轻重，占近3/4。因此，在几乎所有低、中、高耗能行业中，东部地区占的比例都非常大。

图 8-15 进一步展示了东部、中部、西部地区各行业产值占全国比例与该地区工业总产值占全国比例的偏离程度。图 8-15 表明，东部地区低耗能行业占全国比例略高于其工业总产值比例，而中部、西部地区中耗能和高耗能产业占全国比例略高于其工业总产值比例，说明东部地区工业行业偏于向低耗能行业分布，而中部、西部地区工业行业偏于向中高耗能行业分布。

图 8-16 为不同省区市和区域各行业产值占该省/区域工业比例和占全国该行业比例的加权平均（各占50%），表示不同省/区域某行业在全国的重要程度。图 8-16 可以用于为全国性的产业结构调整和行业技术研发确定重点，如东部地区的电子及通信设备制造业、电气机械及器材制造业、仪器仪表及文化办公机械制造业、纺织业、化学纤维制造业、黑色金属冶炼及压延加工业；中部地区的交通运输设备制造业、煤炭采选业；西部地区的石油和天然气开采业、有色金属冶炼和压延加工业。

图 8-14　不同省区市和区域各行业产值占该行业全国总产值的比例（%），不同区间数字用不同颜色表示，比例 <1% 的未给出确切值

图中数字为百分比（%），不同区间数字用不同颜色表示，比例 <1% 的未给出确切值

图例：<5　5~10　10~15　15~20　20~30　>30

低耗能　中耗能　高耗能

地区	工业总产值	烟草加工业	仪器仪表文化办公机械制造业	电子及通信设备制造业	电气机械及器材制造业	交通运输设备制造业	专用设备制造业	食品加工业	通用机械制造业	医药制造业	饮料制造业	石油和天然气开采业	食品制造业	有色金属矿采选业	金属制品业	黑色金属矿采选业	煤炭采选业	纺织业	非金属矿采选业	造纸及纸制品业	化学纤维制造业	电力、蒸汽、热水的生产和供应业	有色金属冶炼及压延加工业	化学原料及化学制品制造业	非金属矿物制品业	石油加工及炼焦业	黑色金属冶炼及压延加工业	低耗能	中耗能	高耗能
北京	3		5	7	1	1	5		1	3	3		3		2						2	4	1	1	2	2		4	1	2
天津	3		2	6	1	2	4	2	2	5			4		3							1	4	4	2	5	5	2	2	2
河北	4	2	2	2	3	2	5	3	3	4	4	8	3		4			3	5			6		4	5	4	16	4	2	7
辽宁	4			2	5	5	6	5		3	3	5		4	4				3	4		3	3	4	5	14	6	9	6	6
上海	6	8	8	12	9	9	6	7	11	10	7		6					7		12	31	8	6	9	4	6	2	15	12	12
江苏	13	12	20	16	22	14	18	18	18	10			8	18	24			24	6	12	38	8	11	19	9	5	15	13	12	8
浙江	9		11	13	18	8	8	15	15	10	6		5	13	23	2		23	6	16	4	4	9	9	5	5		9	10	8
福建	3	4		5	4		4	4	4	4	4		3					4		3	4	4	2	3				3	1	2
山东	12	6	6	11	11	17	9	16	16	13	19	12	10	10	8	28	16	19	23	22	4	7	9	17	18	15	9	11	15	9
广东	14	2	32	35	27	11	17	27	16	2	10			3		12	9	8	6	16	4	13	9	10	12	9	4	20	20	9
广西	1					2			1				1	3		9	3		2											
海南	1																													
山西	2						2									5	23		1			3	4	2	2		5	2	4	3
内蒙古	1										6			6		6	7	4				3	6	2	3		2	2	2	2
吉林	2				2	8	3		2	2			3	1		3	3	3				1	2	2	1	5		2	1	1
黑龙江	2	4			3	3	2	4	3			21	3		1	2	5		1				2	1					1	4
安徽	4					3	3	3	4	2	1		3	1	1	2	5	3	4			3	2	3	4			2	3	3
江西	2		2			2	2	2			2			5	1		3	4	5	4	3			2	2			1	2	2
河南	5	2		1	4		9	9		5	9	4	9	22	3		5	10	6	7	3	7	9	4	11	3		6	6	3
湖北	3	9		1	2	6	2	2	4	2	4			3			3		2			2	2	3				2	3	3
湖南	2			2			3	1			1		3	2			2		3	6		1	5	5	3			2	2	3
重庆	1	2	1			6	3			5			2	3			3	2	1			1		2				1	1	1
四川	3	4	2	2	2	3	4	5	5	5	3	10		6			5	2	3		2	2	6	4	4			2	3	2
贵州	1										2	2		2			3					1		1					1	1
云南	1	20		1		2		1		4	2			4			4		3			2	6	1				1	3	1
西藏																														
陕西							2	1				2		2			1					1	1	4	1	4	1		1	1
甘肃														4								1	4			4	3		1	1
青海																							2							
宁夏														2			1										2			1
新疆	1											13										3		1		4	2			1
合计　东部	73	39	95	86	93	65	72	81	65	62	55	39	62	33	88	63	29	85	56	78	88	61	49	73	68	64	69	80	64	66
合计　中部	19	30	3	10	7	24	20	12	26	24	25	31	31	45	9	28	57	11	33	17	9	26	32	18	24	22	22	13	25	23
合计　西部	9	32	2	4	1	11	9	6	9	13	20	30	8	23		13	13	4	11	5	3	13	19		8	14	9	6	11	11
合计　全国	100	100	100	100	100	100	100	100	100	100	100	100	100	100	100	100	100	100	100	100	100	100	100	100	100	100	100	100	100	100

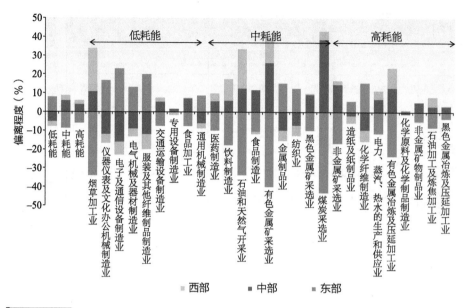

图 8-15 东部、中部、西部地区各行业产值占全国比例与工业总产值比例的偏离

8.3 国内碳减排策略

中国政府提出了非常有挑战性的减排目标：2020 年时将 GDP 碳排放强度在 2005 年的基础上降低 40%~45%，2030 年时降低 60%~65%。为了实现这一目标，需要综合运用财政、税收、市场、金融、法律等多种政策和调控方式，需要在省份层面上对国家减排目标进行科学合理的分解。上一节对我国省区市碳排放强度的影响因素进行了分析；本节在此基础上，提出一些降低碳排放强度的措施，并根据对不同省区市产业结构特点的分析，尝试提出有针对性的建议。

8.3.1 加快能源市场化改革

地区能源禀赋是影响省区市碳排放强度的因素之一，地区能源禀赋越高，碳排放强度越高。这说明地区能源资源丰富的省份，经济发展更多地依赖于能源。究其原因，一是根据比较优势理论，一个区域的发展首先要依赖于该地区蕴藏的丰富而非欠缺的资源，如中西部地区的煤炭采选、石油开采和冶

地区		工业总产值	烟草加工业	仪器仪表及文化办公机械制造业	电子及通信设备制造业	电气机械及器材制造业	服装及其他纤维制品制造业	交通运输设备制造业	专用设备制造业	食品加工业	通用机械制造业	医药制造业	饮料制造业	石油和天然气开采业	食品制造业	有色金属矿采选业	金属制品业	纺织业	黑色金属矿采选业	煤炭采选业	非金属矿采选业	造纸及纸制品业	化学纤维制造业	电力、蒸汽、热水的生产和供应业	有色金属冶炼及压延加工业	化学原料及化学制品制造业	非金属矿物制品业	石油加工及炼焦加工业	黑色金属冶炼及压延加工业
东部地区	北京	3		4	17	2	1	8	4	1	3	3	2		2		2			2				7		2	2	5	5
	天津	3		2	14	4	1	7	2	2	3	3	1	8	1	1	3							3	1	3	1	4	10
	河北	4	1			3	1	3	3	5	3	3	2	3	4		4	3	16	4	2	3		7	1	5	5	4	23
	辽宁	4		1	2	3	2	7	5	6	7	2	2	4	2	2	3	1	7	2	2	1	1	5	3	4	4	14	11
	上海	6	4	5	17	7	4	9	4	1	10	3	2		3		6	2				2	1	3	2	7	3	5	7
	江苏	13	3	10	18	12	13	7	8	4	12	6	4		3		11	16	1	1	4	7	17	6	7	14	6	3	12
	浙江	9	3	6	5	10	11	7	5	3	11	6	4		2		8	17			3	7	21	8	6	7	4	4	3
	福建	3	2	2	9	3	7	3	2	4	2	1	2		3		2	5	2		2	4	4	5	2	3	6	1	3
	山东	12	2	3	4	8	6	6	10	18	11	7	7	7	11	8	6	13	5	9	12	12	2	6	6	13	12	8	7
	广东	14	3	17	31	19	11	8	5	4	4	4	5	4	6	1	14	6	1		3	9	2	10	5	7	7	6	3
	广西	1	2			1		7	3	8		2	2			2			1		1	2		6	5	4	3		7
	海南							8		4		3	2		1		1		2			4		5		4	1	11	
中部地区	山西	2							3		1	1	1						3	26				6	4	3	1	9	13
	内蒙古	1			1				2	5		1	1	1	7	4		3	4	10	2			8	5	3	2	2	9
	吉林	2	1					21	1	6		4	2	4	1				1	1			1	4		7	2	1	3
	黑龙江	2				1		3	2	5	3	2	2	25	3					4				6		2		10	1
	安徽	2	3		1	7		6	2	4	3	1	2		2		2	2	2	5	1	1		5	6	4	3	2	6
	江西	1	2		1	3	2	4		3		4	1		1	4	1	2	2	2	2	1	1	5	12	3	4	3	6
	河南	5	3	1		2		3	6	8	3	4	4	3	6	12	2	4	2	10	5	5	2	8	9	4	10	3	5
	湖北	2	4		3	2	2	12	1	3	3	3	3	1	2		2	4	2		4	2		7	3	5	3	4	7
	湖南	2	7			2		3	4	4	2	2	2		3	5	1	2	1	3	3	3		5	7	5	4	4	6
西部地区	重庆	1	2	1		3		20	2	2	2	2	1					1		2				4	4	3	3		3
	四川	3	2		3	3		4	3	6	5	4	9	3	2	2	1	2	2	3	2	2	1	6	3	5	4	1	7
	贵州		5			1		2		1		3	3							4	1			14	5	5	2		6
	云南	1	20					1		2		2	1			5			1	1	2			7	13	5	2	1	6
	西藏									1		7	5		1	6			4					8			12		
	陕西	1	2	1	2	2		6	2	2	2	3	2	14	2	4		1		5				5	3	2	2	8	2
	甘肃		1						1	2			1	3		2				2				6	13	3	1	14	6
	青海													11		6								7	10	5	1		5
	宁夏									1	2				1			3		6		1		10	8	5	2	5	3
	新疆									2				25	1	1		2	1	1				3		2	2	14	4

<5　6 5~10　11 10~15　17 15~20　21 20~30　31 >30　低耗能　中耗能　高耗能

图 8-16 不同省区市和区域各行业产值占该省区市工业比例和占全国该行业比例的加权平均（各占 50%）

图中数字为百分比（%）表示不同省区市和区域各行业在全国的重要程度，不同区间数字用不同颜色表示，比例 <1% 的未给出确切值

炼、有色金属、石油加工和炼焦等行业就依赖于当地丰富的矿产和能源资源。由比较优势而导致的地区分工必然会致使不同地区经济碳排放强度产生差异，这一差异是可以理解的，也是经济分工所必需的。二是能源定价没有充分的市场化，能源价格管制使得能源资源丰富的地区能够以较低的能源价格向本地区提供廉价的能源服务，从而使得经济投入中能源投入过高，甚至导致廉价能源替代了较为昂贵的高能效设备，导致了能源的过度消耗，同时也提高了经济的能源强度和碳排放强度。这一现象显然是价格信号失真导致市场不能以最优效率配置资源的结果，是需要进行矫正的。茅于轼等（2009）对66个国家市场化程度和碳排放强度的研究表明，碳排放强度与市场化程度呈现明显的负相关关系。市场化程度越高的国家和地区，碳排放强度越低。事实上，根据樊纲等（2006）提出的我国各省区市市场化指数与排序，2005~2007年碳排放强度列在前几位的省区，如山西、宁夏、贵州、内蒙古、甘肃等，市场化程度都较低，均排在第23位以后。这在很大程度上又是由于这些省区的支柱产业——能源产业的市场化水平过低。

因此，降低各省区市尤其是碳排放强度较高的省区市的碳排放强度，必须加快能源市场化改革。市场化将从三方面提高能源使用效率从而降低能源强度和碳排放强度：能源价格的提高将使得企业和居民更加节能，能源价格的市场化能够给出有效配置能源的正确信号；市场竞争会降低能源生产的成本和作为工业投入品的能耗；产权制度则使企业更有效率地使用能源（茅于轼等，2009）。具体而言，加快能源市场化改革的措施可以包括：重点抓节煤，优先完成煤炭产业的市场化和征收资源税和环境税，落实"污染者付费"的原则，强化煤炭生产企业的安全监管；破除石油、电力等行业的行业垄断，引入充分竞争机制，鼓励企业加大对节能技术的研发和设备投入；加快推进国内能源价格与国际能源市场接轨，尽量削减和取消各种形式的能源补贴；普遍地征收能源税和环境税，或进行二氧化碳减排交易，并以税款设立基金，支持新能源和节能技术的开发。

8.3.2 推进碳交易

以往措施大多是强迫企业或个人减排，且这种减排必须要付出经济成本，致使企业或个人减排动力不足。而将减排纳入市场范围中，让减排也能产生利益，则能促使企业或个人自觉减排，促进相关技术的革新与发展。碳交易由此应运而生。

1997 年 12 月通过的《京都议定书》中把市场机制作为解决以二氧化碳为代表的温室气体减排问题的新路径，即把二氧化碳排放权作为一种商品，从而形成了二氧化碳排放权的交易。因此，碳交易就是减少二氧化碳排放所采用的市场机制。碳交易于十年前开始于欧盟，本被期望能有效地促使企业为其排放买单，并促进新技术开发，然而随后出现的经济衰退以及糟糕的管理，导致该市场上的配额（得到配额的企业有权不受惩罚地排放一定量的碳）呈现饱和，造成碳价长期低迷，由顶峰每吨 30 欧元，一路下跌，致使企业对开发和推行减排技术的热情不断减退。

欧盟碳市场的失败是其他地区开发碳市场的前车之鉴。中国于 2011 年 10 月国家发展改革委印发了《关于开展碳排放权交易试点工作的通知》，批准北京、上海、天津、重庆、湖北、广东和深圳等七省（直辖市）开展碳交易试点工作。在之后数年，先后启动了各个试点的交易市场。中国在各个试点的交易工作中，做出了很多创新与尝试，也取得了很好的成绩，但仍存在一些问题，如制度不够明确、信息不够透明、各个试点交易中地方保护主义严重等。

前述分析明确指出中国各省之间排放量存在较大差异，因此在未来开展全国性碳交易时，一定要根据各地区本身的能源结构与排放情况合理发放配额。配额过多将导致减排力度不足，严重时甚至导致中国碳市场破产；配额过少则会给社会带来过大的减排压力。在合理分配配额的同时，更应明确与细化相关制度，避免模棱两可，同时对各地碳价与交易信息进一步透明化，方能维持中国碳交易市场良好运行。

8.3.3　优化产业结构

前述分析已经指出，产业结构对于不同省区市的碳排放强度具有显著影响，经济碳排放强度取决于各产业部门的碳排放强度高低以及各产业部门占经济产出的相对比例。工业增加值占 GDP 比例和高耗能行业占工业产值比例对碳排放强度具有重要影响，二者比例越高，碳排放强度越高。因此，降低碳排放强度，一方面需要优化产业结构，提高第三产业和低耗能行业占工业产值比例；另一方面需要加快技术进步，实现产业结构的升级换代。

目前我国第三产业占 GDP 比例为 40% 左右，远远落后于英国、法国、美国、德国等发达国家 70% 的比例（王磊，2005）。因此，大力发展现代服务业，提高第三产业比例，就能够降低碳排放强度。尤其是中西部省份，应着力降低第一产业比例，提高第二产业和第三产业比例，并提高中低耗能产业占工业总产值的比例。同时要明确地区分工，关闭重复建设、效率低下、污染严重的小企业，利于技术先进、生产高效的大企业扩大规模、占领市场，从而降低整体经济的碳排放强度。

然而，长期来看，靠淘汰、关闭效率低下的小企业带来的碳减排潜力有限，降低碳排放强度必须依靠技术创新和产业更新换代。产业结构的优化，第三产业比例的提高不是靠人为意志推动的，而是经济发展由工业化阶段进入后工业化阶段的自然过程，或是国际（内）产业转移的自然过程。东部地区应强化现代电子设备制造业、机械设备制造业、交通设备制造业、仪表仪器自动化制造业等科技含量较高行业的发展，提高自主创新能力，推动技术进步从而降低碳排放强度。中西部地区一方面应依托自身的资源优势，大力发展洁净煤炭技术、高效火力发电技术、有色金属和黑色金属冶炼技术，着力提高高耗能行业的能源利用效率，降低碳排放强度；另一方面应逐渐提高现代制造业占工业产值的比例，提高工业技术水平。

8.3.4 发展清洁能源

降低碳排放强度，实行低碳发展的另一种方式是降低单位能源消耗的碳排放，即采用更加清洁的能源代替传统的高碳能源。传统的煤、石油和天然气中，产生同样热量时煤所释放的二氧化碳最多，石油次之，天然气最少。因此，将能源品种由煤变为天然气将能大大降低同样能源消耗带来的碳排放。然而这种方法又受制于一国的能源储备。中国的煤炭储量丰富，过去 30 年间煤炭消费占总能源消费的比例一直稳定在 70% 左右，到 2050 年时煤炭仍将在能源结构中占据举足轻重的地位。因此，我国降低能源消费的碳排放，应优先发展洁净煤炭技术，包括洁净煤技术（clean coal technology）、煤多联产（poly generation）技术、整体煤气化联合循环（integrated gasification combined cycle，IGCC）发电技术、煤电中的超临界 / 超超临界发电技术及碳捕获与封存（carbon capture and storage，CCS）技术等。

除煤的清洁利用技术外，核电、风能、太阳能、地热、生物能等新能源也是低碳经济发展中应该予以重视的技术。2008 年我国能源消费中，水电、核电、风电等新能源的占比为 8.9%。根据我国《可再生能源中长期发展规划》，2020 年我国可再生能源消费量将占到能源消费总量的 15%。根据国际 "21 世纪可再生能源政策网络"（Renewable Energy Policy Network for the 21st Century，REN21）发布的 2008 年全球可再生能源报告，2008 年底我国可再生能源利用的现存容量已位居全球第一位（REN21，2009）。未来我国清洁能源发展应呈现因地制宜的特点，东部和中部地区能源储量缺乏的省区市可以大力发展核电；内蒙古、甘肃、青海、沿海地区风力发电前景广阔；西部地区水力资源丰富，水力发电前景较好；东北、华北、华南等地可考虑生物质能发电。此外，山西、内蒙古、宁夏、河南等地煤炭产业对全国影响较大，应优先发展洁净煤炭利用技术。

8.3.5 低碳城市发展战略

城市是现代文明造就的独特的生态系统，城市以其高度密集的物质流和能量流成为现代社会人口集聚和经济社会活动的中心，但城市的存续也同样依赖大量的能源消耗和碳排放。中国目前城市人口占总人口超过 40%，经济产出占总产出的 75%，而能源消耗占全部能源消耗的 84%（Dhakal，2009）。过去 30 年，我国城市人口比例增加非常迅速，从 1975 年的约 20% 增加到 2006 年的 43%。而根据著名咨询公司麦肯锡（Mckinsey Global Institute，2009）的预测，2030 年我国城市人口将增加到 10 亿人，仅人口超过百万的城市数量就将达到 221 个。城市碳排放占我国碳排放的比例较大，社会经济发展又必须依赖于城市化进程。城市化必将对我国未来的碳排放产生显著影响。因此，在概述前面省区市碳减排的三个策略以外，在这里专门讨论低碳城市战略的问题。

低碳城市战略是一种新型的城市化模式，不同于传统的以资源、能源消耗和高碳排放为特征的城市化，低碳城市的核心特征是低消耗、低污染、低排放和高效率。在减缓碳排放、应对气候变化的背景下，低碳城市发展既是应对气候变化的要求，也是提升城市竞争力、实现城市可持续发展的需要。由于不同于传统的城市化模式，发展低碳城市面临着诸多政策、技术、文化、消费习惯等方面的不确定性，因此需要进行系统规划、完善解决方案。图 8-17 尝试给出发展低碳城市的 4 个主要方面，即系统规划、政策支撑、技术进步和公众意识，并分别在下文予以阐释。

图 8-17 低碳城市发展战略框架

系统规划是前提 虽然发展低碳城市是不可阻挡的历史潮流，然而在目前的技术水平、产业结构和消费习惯下，低碳城市仍然不是市场的自发选择，这就需要对区域城市布局、城市内部结构、城市产业结构等进行系统规划，使城市发展满足低碳发展的要求。具体而言，在区域层面上，维持某一个或几个大城市起主导作用的格局，但要避免主导城市一端独大、畸形发展；加强区域城市集群规划，形成大、中、小城市优势互补的格局；在工业园区规划上，充分应用工业生态学、循环经济学原理，构建产业循环关系，实现废物回收利用最大化。在城市水平上实现低碳城市规划，包括优化城市的公共交通系统、废物收集回收利用系统、提升居民能源采集网络设备能效水平、在建筑中充分利用节能材料和节能设计等。在城乡关系上，逐步实现统筹城乡发展，打破城乡二元结构格局，推进城乡一体化。

政策支撑是保障　在碳减排技术中，有相当一部分技术是可以带来盈利的，如建筑节能、高效照明、钢厂联合循环发电、高效内燃机技术等；但仍有大部分是需要减排成本的，如离岸风能发电、太阳能光伏、煤电 CCS、整体煤气化循环发电技术、电动汽车、混合动力汽车等（麦肯锡，2009）；还有一部分仅仅是需要在管理方式、消费模式上进行一些变更就可以实现的，如乘坐公共交通的习惯、制冷取暖方式、节水节电习惯等。但所有上述技术或习惯的采用无一例外都需要政策或技术标准的驱动，换言之，它们不会自动发生，减排也不会自动实现。政策和标准能够创造市场，并影响企业、家庭和普通公众的消费选择，从而实现低碳发展。此外，还应逐渐改革城市公共管理模式，不断扩大城乡居民对于公共决策的参与权，使低碳发展成为城市居民而不仅仅是政府管理部门的选择，从而使城市发展真正进入人本、节约、高效、低碳的轨道。

技术进步是关键　毋庸置疑，实现低碳发展，最大的动力还要依赖低碳技术的进步，包括电力、工业废物利用、建筑、交通、高排放工业，如核电、风电、太阳能发电、洁净煤发电技术、工业废物减量和再利用技术、高效照明和采暖/制冷技术、建筑隔热技术、电动汽车/混合动力汽车等。技术研发往往具有失败的风险，即使技术研发能够成功，离技术真正普及于市场、企业获得盈利之间也还有很长的距离。可以说，低碳技术普及方面，从技术研发、示范到大规模的市场普及，都需要强有力的政策支持，包括资金、税收、融资、技术标准、市场准入等。

公众意识是补充　市场经济的最终目标是实现供需平衡，所有的原料、半成品都需要经过再生产过程最终变为消费品进入消费者手中，或者成为能够生产消费品（或服务）的投资。消费者的选择对于生产过程以及最终的产品至关重要，而城市中的每一位居民都是消费者。因此，发展低碳城市，还需要提高公众的意识，引导消费者树立节约、节能、环保、健康的消费理念；在个人及家庭消费中，选择有利于减少碳排放和减缓气候变化的产品和服务。与此同时，提高公众意识也有利于制定低碳城市发展规划和政策，使规划和政策能够赢得公众的支持，从而便利其实施。

参考文献

蔡昉，都阳 . 2000. 中国地区经济增长的趋同与差异：对西部开发战略的启示 . 经济研究 , (10): 30-37.

陈明星，陆大道，张华 . 2009. 中国城市化水平的综合测度及其动力因子分析 . 地理学报 , 64: 387-398.

陈迎，潘家华，谢来辉 . 2008. 中国外贸进出口商品中的内涵能源及其政策含义 . 经济研究 , (7): 11-25.

丁仲礼，段晓男，葛全胜，张志强 . 2009a. 国际温室气体减排方案评估及中国长期排放权讨论 . 中国科学 (D 辑：地球科学), 39: 1659-1671.

丁仲礼，段晓男，葛全胜，张志强 . 2009b. 2050 年大气 CO_2 浓度控制：各国排放权计算 . 中国科学 (D 辑：地球科学), 39: 1009-1027.

董利 . 2008. 我国能源效率变化趋势的影响因素分析 . 产业经济研究 , (1): 8-18.

樊纲，苏铭，曹静 . 2010. 最终消费与碳减排责任的经济学分析 . 经济研究 ，(1): 4-14.

樊纲，王小鲁，朱恒鹏 . 2006. 中国市场化指数：各省区市场化相对进程 2006 年度报告 . 北京：经济科学出版社 .

樊杰，李平星 . 2011. 基于城市化的中国能源消费前景分析及对碳排放的相关思考 . 地球科学进展 , 26: 57-65.

方精云，陈安平，赵淑清，慈龙骏 . 2002. 中国森林生物量的估算：对 Fang 等 *Science* 一文 (Science, 2001, 292: 2320-2322) 的若干说明 . 植物生态学报 , 26: 243-249.

方精云，郭兆迪，朴世龙，陈安平 . 2007. 1981~2000 年中国陆地植被碳汇的估算 . 中国科学 (D 辑：地球科学), 37: 804-812.

方精云，刘国华，徐嵩龄 . 1996. 中国陆地生态系统的碳循环及其全球意义 // 王庚辰，温玉璞 . 温室气体浓度和排放监测及相关过程. 北京: 中国环境科学出版社: 81-149.

方精云, 唐艳鸿, 林俊达, 蒋高明. 2000. 全球生态学: 气候变化与生态响应. 北京: 高等教育出版社, 柏林: 施普林格出版社: 246-256.

方精云, 王少鹏, 岳超, 朱江玲, 郭兆迪, 贺灿飞, 唐志尧. 2009. "八国集团" 2009 意大利峰会减排目标下的全球碳排放情景分析. 中国科学 (D 辑: 地球科学), 39: 1339-1346.

方精云, 朱江玲, 王少鹏, 岳超, 沈海花. 2011. 全球变暖, 碳排放及不确定性. 中国科学: 地球科学, 41: 1385-1395.

高风. 2013.《联合国气候变化框架公约》二十年与中国低碳发展进程. 国际展望, (4): 1-11.

葛全胜. 2011. 中国历朝气候变化. 北京: 科学出版社.

葛全胜, 王绍武, 方修琦. 2010. 气候变化研究中若干不确定性的认识问题. 地理研究, 29: 191-203.

顾问, 陈葆德, 杨玉华, 董广涛. 2010. IPCC-AR4 全球气候模式在华东区域气候变化的预估能力评价与不确定性分析. 地理科学进展, 29: 818-826.

郭克落. 2000. 中国工业化的进程、问题与出路. 中国社会科学, (3): 60-71.

郭兆迪, 胡会峰, 李品, 李怒云, 方精云. 2013. 1977~2008 年中国森林生物量碳汇的时空变化. 中国科学: 生命科学, 43: 421-431.

国家发展改革委能源所. 2009-5-21. 中国有望到 2050 实现低碳发展. 中国日报.

国家林业局. 2010. 中国森林资源 (2004—2008).

国家林业局森林资源管理司. 2000. 全国森林资源统计 (1994—1998).

国家林业局森林资源管理司. 2005. 全国森林资源统计 (1999—2003).

国家统计局. 2011. 中国统计年鉴 2011. 北京: 中国统计出版社.

国家统计局工业交通统计司. 1995/1998/2001~2004/2006~2008. 中国工业经济统计年鉴. 北京: 中国统计出版社.

国家统计局能源统计司, 国家能源局综合司. 1997~1999/2004/2008/2011/2012. 中国能源统计年鉴. 北京: 中国统计出版社.

何建坤, 刘滨. 2004. 作为温室气体排放衡量指标的碳排放强度分析. 清华大学学报 (自然科学版), 44: 740-743.

贺灿飞, 梁进社. 2004. 中国区域经济差异的时空变化: 市场化、全球化与城市化. 管理世界, (8): 8-17.

贺灿飞, 王俊松. 2009. 经济转型与中国省区能源强度研究. 地理科学, 29: 461-469.

黄耀，孙文娟，张稳，于永强．2010．中国陆地生态系统土壤有机碳变化研究进展．中国科学：生命科学，40: 577-586．

江泽民．2008．对中国能源问题的思考．上海交通大学学报，42: 345-359．

姜克隽，胡秀莲，刘强，等．2009．中国2050年低碳发展情景研究∥2050中国能源和碳排放研究课题组．2050中国能源和碳排放报告．北京：科学出版社：753-820．

金三林．2007．我国节能降耗的形势与对策．经济纵横，(5): 21-25．

肯尼思，宾建成．2009．全球气候变化：对现有政策的一项挑战．经济社会体制比较，(6): 14-16．

李庆祥，董文杰，李伟，高小蓉，Jones P., Kennedy J., Parker D. 2010．近百年中国气温变化中的不确定性估计．科学通报，55: 1544-1554．

李学勇，秦大河，李家洋．2007．气候变化国家评估报告．北京：科学出版社．

袁运昌．1996．当代中国森林资源概况．林业部资源和林政管理司．

吕学都．2015．利马气候大会成果分析与展望．气候变化研究进展，11: 138-143．

麦肯锡．2009．中国的绿色革命：实现能源与环境可持续发展的技术选择．上海：麦肯锡公司．

茅于轼，盛洪，杨富强．2008．煤炭的真实成本．北京：煤炭工业出版社．

茅于轼，盛洪，赵农，等．2009．中国经济市场化对能源供求和碳排放的影响∥2050中国能源和碳排放研究课题组．2050中国能源和碳排放报告．北京：科学出版社：142-241．

能源研究所"中国可持续发展能源暨碳排放分析"课题组．2003．中国可持续发展能源暨碳排放情景研究．中国能源，25: 4-10．

潘家华．2008．满足基本需求的碳预算及其国际公平与可持续含义．世界经济与政治，(1): 35-43．

潘家华，蒋尉．2007．从中美战略对话角度透视能源和环保问题．国际经济评论，(5): 53-56．

齐志新，陈文颖．2006．结构调整还是技术进步？改革开放后我国能源效率提高的因素分析．上海经济研究，(6): 8-16．

气候变化评估报告编写委员会．2007．气候变化国家评估报告．北京：科学出版社．

钱维宏，陆波，祝从文．2010．全球平均温度在21世纪将怎样变化？科学通报，55: 1532-1537．

屈小娥，袁晓玲．2009．中国地区能源强度差异及影响因素分析．经济学家，(9): 68-74．

任国玉．2008．气候变暖成因研究的历史、现状和不确定性．地球科学进展，23: 1084-1091．

沈可挺，龚健健．2011．环境污染、技术进步与中国高耗能产业：基于环境全要素生产率的实证分析．中国工业经济：25-34．

宋洪远，赵海．2012．我国同步推进工业化、城镇化和农业现代化面临的挑战与选择．经济社会体制比较，(2): 135-143．

唐国利, 任国玉. 2005. 近百年中国地表气温变化趋势的再分析. 气候与环境研究, 10: 791-798.

王芳, 葛全胜, 陈泮勤. 2009. IPCC 评估报告气温变化观测数据的不确定性分析. 地理学报, 64: 828-838.

王景云, 郭茹, 杨海真. 2012. 碳捕捉与封存研究进展浅析. 环境科学与技术, S2: 156-160.

王军, 仲伟周. 2009. 中国地区能源强度差异研究: 要素禀赋的分析视角. 产业经济研究, (6): 44-51.

王磊. 2005. 产业结构调整的国际比对. 世界经济研究, (6): 4-10.

王庆一. 2007. 可再生能源的现状和前景: 下. 电力技术经济, 19: 23-25.

王少鹏, 王志恒, 朴世龙, 方精云. 2010a. 我国 40 年来增温时间存在显著的区域差异. 科学通报, 55: 1538-1543.

王少鹏, 朱江玲, 岳超, 方精云. 2010b. 碳排放与社会经济发展: 碳排放与社会发展. II. 北京大学学报(自然科学版), 46: 505-509.

王绍武. 2010. 全球气候变暖的争议. 科学通报, 55: 1529-1531.

王绍武, 叶瑾琳, 龚道溢, 等. 1998. 近百年中国年气温序列的建立. 应用气象学报, (9): 392-401.

王中英, 王礼茂. 2006. 中国经济增长对碳排放的影响分析. 安全与环境学报, 6: 88-91.

王众, 张哨楠, 匡建超. 2011. 碳捕捉与封存技术国内外研究现状评述及发展趋势. 能源技术经济, 23: 42-47.

徐冰, 郭兆迪, 朴世龙, 方精云. 2010. 2000~2050 年中国森林生物量碳库: 基于生物量密度与林龄关系的预测. 中国科学: 生命科学, 40: 587-594.

徐建华, 鲁凤, 苏方林, 卢艳. 2005. 中国区域经济差异的时空尺度分析. 地理研究, 24: 57-68.

杨哲, 霍金平. 2008. 我国经济增长与就业增长率下降的实证分析. 重庆科技学院学报(社会科学版), (9): 87-88.

姚慧琴, 任宗哲, 徐璋勇, 安树伟. 2009. 中国西部经济发展报告 2009. 北京: 社会科学文献出版社.

张斌, 张小锋. 2015-12-28. 气候变化《巴黎协定》解读. 中国能源报.

张雷. 2003. 经济发展对碳排放的影响. 地理学报, 58: 629-637.

张学霞, 葛全胜, 郑景云, 张福春. 2005. 近 150 年北京春季物候对气候变化的响应. 中国农业气象, 26: 263-267.

张志强, 曾静静, 曲建升. 2011. 世界主要国家碳排放强度历史变化趋势及相关关系研究. 地球科学进展, 26: 859-869.

郑国光. 2010. 对哥本哈根气候变化大会之后我国应对气候变化新形势和新任务的思考. 气候变化研究进展, 6: 79-82.

郑景云, 葛全胜. 2002. 气候增暖对我国近 40 年植物物候变化的影响. 科学通报, 47: 1582-1587.

郑景云, 葛全胜. 2008. 1962~2007 年北京地区木本植物秋季物候动态. 应用生态学报, 19: 2352-2356.

中国可持续发展林业战略研究项目组. 2002. 中国可持续发展林业战略研究总论. 北京: 中国林业出版社.

中华人民共和国林业部. 1983. 全国森林资源统计 (1977—1981).

中华人民共和国林业部. 1989. 全国森林资源统计 (1984—1988).

中华人民共和国林业部. 1994. 全国森林资源统计 (1989—1993).

中华人民共和国国家统计局. 2011. 中国统计年鉴. 北京: 中国统计出版社.

中华人民共和国农业部畜牧兽医司. 1994. 中国草地资源数据. 北京: 中国农业科学技术出版社: 10-75.

中华人民共和国农业部畜牧兽医司. 1996. 中国草地资源. 北京: 中国农业科学技术出版社.

朱发根, 陈磊. 2011. 我国 CCS 发展的现状、前景及障碍. 能源技术经济, 23: 46-49.

朱江玲, 郑天立, 方精云. 2013. 碳排放与社会经济发展. 科学与社会, (3): 1-13.

Ackerman F., Ishikawa M., Suga M. 2007. The carbon content of Japan-US trade. Energy Policy, 35: 4455-4462.

Akasofu S.I. 2009. Two Natural Components of the Recent Climate Change. Fairbanks: International Arctic Research Center, University of Alaska Fairbanks.

Allison I., Bindoff N.L., Binaschadler R.A. 2009. The Copenhagen diagnosis: Updating the World on the Latest Climate Science. Sydney: the University of New South Wales Climate Change Research Centre (CCRC).

Asia Pacific Energy Research Centre (APERC). 2002. APEC Energy demand and supply outlook 2002. Tokyo : Asia Pacific Energy Research Centre.

Aubrey M. 2004. GCI briefing: contraction & convergence. Engineering Sustainability, (1): 12.

Baer P., Athanasiou T., Kartha S., Kemp-Benedict E. 2008. The Right to Development in a Climate Constrained World: the Greenhouse Development Rights Framework. Berlin: the Heinrich Böll Foundation, Christian Aid, EcoEquity and the Stockholm Environment Institute.

Beer C., Reichstein M., Tomelleri E., Ciais P., Jung M., Carvalhais N., Rödenbeck C., Arain M.A, Baldocchi D., Bonan G.B., Bondeau A., Cescatti A., Lasslop G., Lindroth A., Lomas M., Luyssaert S., Margolis H., Oleson K.W., Roupsard O., Veenendaal E., Viovy N., Williams C., Woodward F.I., Papale D. 2010. Terrestrial gross carbon dioxide uptake: global distribution and covariation with climate. Science, 329: 834-838.

Blair T., The Climate Group. 2008. Breaking the Climate Deadlock: a Global Deal for Our Low-Carbon Future. Toyako: The G8 Hokkaido Toyako Summit.

Blanford G.J., Richels R.G., Rutherford T.F. 2008. Revised emissions growth projections for China: why post-Kyoto climate policy must look east. Working Paper.

Boden T.A., Marland G., Andres R.J. 2009. Global, Regional, and National Fossil-Fuel CO_2 Emissions // Trends: A Compendium of Data on Global Change. Oak Ridge : Oak Ridge National Laboratory . DOI: 10.3334/CDIAC/00001.

Boden T.A., Marland G., Andres R.J. 2010. Global, Regional, and National Fossil-Fuel CO_2 Emissions. In:Trends: A Compendium of Data on Global Change. Oak Ridge : Oak Ridge National Laboratory . DOI: 10.3334/CDIAC/00001 _V2010.

Bond-Lamberty B., Thomson A. 2010. Temperature-associated increase in the global soil respiration record. Nature, 464: 579-582.

Bourassa A.E., Robock A., Randel W.J., Deshler T., Rieger L.A., Lloyd N.D., Llewellyn E.T., Degenstein D.A. 2012. Large volcanic aerosol load in the stratosphere linked to Asian monsoon transport. Science, 337: 78-81.

Bourassa A.E., Robock A., Randel W.J., Deshler T., Rieger L.A., Lloyd N.D., Llewellyn E., Degenstein D.A. 2013. Response to comments on "Large Volcanic Aerosol Load in the Stratosphere Linked to Asian Monsoon Transport". Science, 339: 647.

Breidenich, C., Magraw D., Rowley A., Rubin J.W. 1998. The Kyoto protocol to the United Nations framework convention on climate change. American Journal of International Law, 92: 315-331.

Broecker W.S. 2006. Global warming: Take action or wait? Chinese Science Bulletin, 51: 1018-1029.

Brohan P., Kennedy J.J., Harris I., Tett S.F., Jones P.D. 2006. Uncertainty estimates in regional and global observed temperature changes: a new data set from 1850. Journal of Geophysical Researc, 111, D12106, DOI:10.1029/2005JD006548.

Brown S.L., Schroeder P.E. 1999. Spatial patterns of aboveground production and mortality of woody biomass for eastern U.S. forests. Ecological Applications, 9: 968-980.

Byers A. 2005. Contemporary human impacts on Alpine ecosystems in the Sagarmatha national park, Khumbu, Nepal. Annals of the Association of American Geographers, 95: 112-140.

Cabanes C., Cazenave A., Le Provost C. 2001. Sea level rise during past 40 years determined from satellite and *in situ* observations. Science, 294: 840-842.

Canadell J.G., Le Quéré C., Raupach M. 2007. Contributions to accelerating atmospheric CO_2 growth from economic activity, carbon intensity, and efficiency of natural sinks. Proceedings of the National Academy of Sciences of the United States of America, 104: 18 866-18 870.

Cao J. 2008. Reconciling Human Development and Climate Protection: Perspectives from Developing Countries on Post-2012 International Climate Change Policy.Discussion Paper. Cambridge, Mass: Harvard Project on Climate Agreements.

Cao L., Zhao P., Yan Z., Jones P., Zhu Y., Yu Y., Tang G. 2013. Instrumental temperature series in eastern and central China back to the nineteenth century. Journal of Geophysical Research. Atmosphere, 118: 8197-8207.

Chakravarty S., Chikkatur A., de Coninck H., Pacala S., Socolow R., Tavoni M. 2009. Sharing global CO_2 emission reductions among one billion high emitters. Proceedings of The National Academy of Sciences of the United States of America, 106: 11 884-11 888.

Chatterjee N. D., Chatterjee S., Roy U. 2011. An assessment of anthropogenic impact on natural landscape-The case of Kurseong Town, Darjeeling, West Bengal. Vidyasagar University, Midnapore, West-Bengal, 12: 40-50.

Chen G., Chen Z. 2010. Greenhouse gas emissions and natural resources by world economy: ecological input-output modeling. Ecological Modelling, 222: 2362-2376.

Church J.A., White N.J. 2006. A 20th century acceleration in global sea-level rise. Geophysical Research Letters, 33: 313-324.

Church J.A., White N.J., Konikow L.F., Domingues C.M., Cogley J.G., Rignot E., Gregory J.M., van den Broeke M.R., Monaghan A.J., Velicogna I. 2011. Revisiting the earth's sea-level and energy budgets from 1961 to 2008. Geophysical Research Letters, 38, DOI:10.1029/2011GL048794.

Department of Energy US (DOE). 2005. International Energy Outlook, Energy Information Agency (EIA), Washington DC.

Dessler A., Zhang Z., Yang P. 2008. Water-vapor climate feedback inferred from climate fluctuations,

2003-2008. Geophysical Research Letters, 35: 293-310.

Detlef V., Zhou F., Bert D.B., Jiang K., Cor G., Li Y. 2003. Energy and emission scenario for China in the 21st century: exploration of baseline development and mitigation options. Energy Policy, 31: 369-387.

Dhakal S. 2009. Urban energy use and carbon emissions from cities in China and policy implications. Energy Policy, 37: 4208-4219.

Dixon R.K., Brown S., Houghton R.A., Solomon A.M., Trexler M.C., Wisniewski J. 1994. Carbon pools and flux of global forest ecosystems. Science, 263: 185-190.

Ehrlich P.R., Holdren J. P. 1971. Impact of population growth . Science, 171: 1212-1217.

Enting I.G., Wigley T.M.L., Heimann M. 1994. Future emissions and concentrations of carbon dioxide: key ocean/atmosphere/land analyses. Melbourne : CSIRO Division of Atmospheric Research Technical Paper No. 31.

Etheridge D.M., Steele L.P., Langenfelds R.L., Francey R.J., Barnola J. M., Morgan V.I. 1998. Historical CO_2 records from the Law Dome DE08, DE08-2, and DSS ice cores // Boden G.M.T.A., Andres R.J. Trends: A Compendium of Data on Global Change. Oak Ridge: Oak Ridge National Laboratory, 351-364.

Evans K.M. 2005. The greenhouse effect and climate change // Evans K.M. The Environment: A Revolution in Attitudes. Detroit: Thomson Gale.

Fan F., Lei Y. 2015. Factor analyzing of energy-related carbon emissions: a case study of Beijing. Journal of Cleaner Production, 63: 277-283.

Fang J., Chen A., Peng C., Zhao S., Ci L. 2001. Changes in forest biomass carbon storage in China between 1949 and 1998. Science, 292: 2320-2322.

Fang J., Oikawa T., Kato T., Mo W., Wang Z. 2005. Biomass carbon accumulation by Japan's forests from 1947 to 1995. Global Biogeochemical Cycles, 19, DOI:10.1029/2004GB002253.

Fang J.Y. Brown S., Tang Y.H., Nabuurs G.J., Wang X.Q., Shen H.H. 2006. Overestimated biomass carbon pools of the northern mid- and high latitude forests. Climatic Change, 74: 355-368.

Fang J.Y., Guo Z.D., Piao S.L., Chen A.P. 2007. Terrestrial vegetation carbon sinks in China, 1981~2000. Science in China (D: Earth Science), 50: 1341-1350.

Fang J.Y., Yang Y.H., Ma W.H., Mohammat A., Shen H.H. 2010. Ecosystem carbon stocks and their changes in China's grasslands. Science China Life Science, 53: 757-765.

Field C.B., Fung I.Y. 1999. The not-so-big US carbon sink. Science, 285: 544-545.

Fisher-Vanden K., Jefferson G.H., Liu H.M., Tao Q. 2004. What is driving China's decline in energy intensity? Resource and Energy Economics, 26: 77-97.

Forster P., Ramaswamy V., Artaxo P., Berntsen T., Betts R., Fahey D.W., Haywood J., Lean J., Lowe D.C., Myhre G. 2007. Changes in atmospheric constituents and in radiative forcing // IPCC. Climate Change 2007: The Physical Science Basis. Contribution of Working Group I to the Fourth Assessment Report of the Intergovernmental Panel on Climate Change. Cambridge: Cambridge University Press.

Foukal P.C., Frolich C., Spruit F. 2006. Variations in solar luminosity and their effect on the Earth's climate. Nature, 443: 161-164.

Fridley D. 2006. China's Energy Future to 2020. San Francisco: Lawrence Berkeley National Laboratory.

Frölicher T., Joos F., Raible C. 2011. Sensitivity of atmospheric CO_2 and climate to explosive volcanic eruptions. Biogeosciences, 8: 2317-2339.

Fujibe F. 2009. Detection of urban warming in recent temperature trends in Japan. International Journal of Climatology, 29: 1811-1822.

Garbaccio R., Ho M.S., Jorgenson D.W. 1999. Why has the energy-output ratio fallen in China? Energy Journal, 20: 63-91.

Gerlach T. 1991. Etna's greenhouse pump. Nature, 351: 352-353.

Gerland S., Renner A., Godtliebsen F., Divine D., Løyning T. 2008. Decrease of sea ice thickness at Hopen, Barents Sea, during 1966~2007. Geophysical Research Letters, 35: 341-356

Gibbins J., Chalmers H. 2008. Carbon capture and storage. Energy Policy, 36: 4317-4322.

Gill I., Kharas H. 2007. An East Asian Renaissance: Ideas for Economic Growth. Washington DC: The International Bank for Reconstruction and Development, The World Bank.

Gleick P., Adams R., Amasino R., Anders E., Anderson D., Anderson W., Anselin L., Arroyo M., Asfaw B., Ayala F. 2010. Climate change and the integrity of science. Science, 328: 689-690.

Goddard P.B., Yin J., Griffies S.M., Zhang S. 2015. An extreme event of sea-level rise along the Northeast coast of North America in 2009~2010. Nature Communications, 6: 6346.

Goodale C.L., Apps M.J., Birdsey R.A., Field C.B., Heath L.S., Houghton R.A., Jenkins J.C., Kohlmaier G.H., Kurz W., Liu S.R., Nabuurs G.J., Nilsson S., Shvidenko A. 2002. Forest carbon sinks in the northern Hemisphere. Ecological Applications, 12: 891-899.

Goodridge J.D. 1992. Urban bias influences on long-term California air temperature trends. Atmospheric Environment. Part B. Urban Atmosphere, 26: 1-7.

Guan D.B., Peters G.P., Weber C.L., Hubacek K. 2009. Journey to world top emitter: an analysis of the driving forces of China's recent CO_2 emission surge. Geophys. Res. Lett., 36, DOI:10.1029/2008GL036540.

Guo Z., Fang J., Pan Y., Birdsey R. 2010. Inventory-based estimates of forest biomass carbon stocks in China: a comparison of three methods. Forest Ecology and Management, 259: 1225-1231.

Haigh J., Winning A., Toumi R., Harder J. 2010. An influence of solar spectral variations on radiative forcing of climate. Nature, 467, 696-699.

Han G., Olsson M., Hallding K., Lunsford D. 2012. China's carbon emission trading: an overview of current development. Stockholm: FORES/Stockholm Environment Institute. http://www. sei-international. org/publications[2017-8-20].

Hansen J., Ruedy R., Sato M., Lo K. 2010. Global surface temperature change. Reviews of Geophysics, 48: RG4004.

Hansen J., Sato M., Ruedy R. 2000. Global warming in the twenty-first century: an alternative scenario. Proceedings of the National Academy of Sciences of the United States of America, 97: 9875-9880.

Hansen J., Sato M., Ruedy R. 2007. Dangerous human-made interference with climate: a GISS modelE study. Atmospheric Chemistry and Physics, 7: 2287-2312.

Hansen J.E. 2005. A slippery slope: how much global warming constitutes "dangerous anthropogenic interference"? Climatic Change, 68: 269-279.

Haywood J., Boucher O. 2000. Estimates of the direct and indirect radiative forcing due to tropospheric aerosols: a review. Reviews of Geophysics, 38: 513-543.

Heffernan O. 2009. Climate data spat intensifies. Nature, 460: 787.

Heil M.T., Selden T.M. 2001. Carbon emissions and economic development: future trajectories based on historical experience. Environment and Development Economics, 6: 63-83.

Heil M.T., Wodon Q.T. 1997. Inequality in CO_2 emissions between poor and rich countries. The Journal of Environment & Development, 6: 426-452.

Helgeson J., Ellis J. 2015. The Role of the 2015 Agreement in Enhancing Adaptation to Climate Change. Paris: OECD.

Helm D. 2008. Climate-change policy: why has so little been achieved? Oxford Review of Economic Policy, 24: 211-238.

Hermann E.O., Christof A., Lukas H., Florian M., Wolfgang O., Hanna W., Timon W. 2015. A first assessment of the Climate Conference in Lima-COP20 moves at a snail's pace on the road to Paris 2015. Environmental Law & Management, 26: 153-160.

Höhne N., Moltmann S. 2009. Sharing the effort under a global carbon budget. Environmental Law & Management, 26:153-160.

Houghton R.A, Goetz S.J. 2008. New satellites help quantify carbon sources and sinks. Eos Transactions American Geophysical Union, 89: 417-418.

Houghton R.A. 2003a. Revised estimates of the annual net flux of carbon to the atmosphere from changes in land use and land management 1850~2000. Tellus B, 55: 378-390.

Houghton R.A. 2003b. Why are the estimates of the terrestrial carbon balance so different? Global Change Biology, 9: 500-509.

Houghton R.A. 2005. Aboveground forest biomass and the global carbon balance. Global Change Biology, 11: 945-958.

Houghton R.A., Haeckler J.L., Lawrence K.T. 1999. The US carbon budget: contributions from land-use change. Science, 285: 574-578.

Huang J.P. 1993. Industry energy use and structural change: a case study of the People's Republic of China. Energy Economics, 15: 131-136.

Idso C.D., Singer S.F. 2009. Climate change reconsidered: 2009 report of the Nongovernmental International Panel on Climate Change (NIPCC). Chicago: The Heartland Institute.

International Energy Agency (IEA). 2004. World Energy Outlook 2004. Paris: OECD.

International Energy Agency (IEA). 2007. World Energy Outlook 2007: China and India Insights. Paris: OECD.

IPCC. 2006. Guidelines for National Greenhouse Gas Inventories. Hayama: IGES.

IPCC. 2007. Climate Change 2007:The Physical Science Basis. Contribution of Working Group I to the Fourth Assessment Report of the Intergovernmental Panel on Climate Change. Cambridge: Cambridge University Press.

IPCC. 2013. Climate Change 2013: The Physical Science Basis. Contribution to Working Group I to the Fifth Assessment Report of the Intergovernmental Panel on Climate Change. Cambridge:

Cambridge University Press.

IPCC. 2014. Climate Change 2014: Impacts, Adaptation, and Vulnerability. Part A: Global and Sectoral Aspects. Contribution of Working Group II to the Fifth Assessment Report of the Intergovernmental Panel on Climate Change. Cambridge: Cambridge University Press.

Janssens I.A., Freibauer A., Ciais P., Smith P., Nabuurs G.J., Folberth G., Schlamadinger B., Hutjes R.W.A., Ceulemans R., Schulze E.D., Valentini R., Dolman A.J. 2003. Europe's terrestrial biosphere absorbs 7 to 12% of European anthropogenic CO_2 emissions. Science, 300: 1538-1542.

Jiang K., Hu X. 2006. Energy demand and emissions in 2030 in China: scenarios and policy options. Environment and Polution Study, 7: 233-250.

Johnson E., Heinen R. 2004. Carbon trading: time for industry involvement. Environment International, 30: 279-288.

Jones P., Lister D., Li Q. 2008. Urbanization effects in large-scale temperature records, with an emphasis on China. Journal of Geophysical Research: Atmospheres, 113: 280-288.

Kauppi P.E., Mielikainen K., Kusela K. 1992. Biomass and carbon budget of European forests, 1971 to 1990. Science, 256: 70-74.

Kaya Y. 1990. Impact of carbon dioxide emission control on GNP growth: interpretation of proposed scenarios. Proceedings of the IPCC Energy and Industry Subgroup, Response Strategies Working Group, Paris.

Keeling C.D., Chin J.F.S., Whorf T.P. 1996. Increased activity of northern vegetation in inferred from atmospheric CO_2 measurements. Nature, 382: 146-149.

Kelly P.M., Sear C.B. 1984. Climatic impact of explosive volcanic eruption. Nature, 311: 740-743.

Kerr R.A. 2009. What happened to global warming? Scientists say just wait a bit. Science, 326: 28-29.

Kiehl J., Trenberth K.E. 1997. Earth's annual global mean energy budget. Bulletin of the American Meteorological Society, 78: 197-208.

Knight J., Kennedy J., Folland C., Harris G., Jones G., Palmer M., Parker D., Scaife A., Stott P. 2009. Do global temperature trends over the last decade falsify climate predictions. Bulletin of the American Meteorological Society, 90: S1-S196.

Lane J.E., Kruuk L.E., Charmantier A., Murie J.O., Dobson F.S. 2012. Delayed phenology and reduced fitness associated with climate change in a wild hibernator. Nature, 489: 554-557.

Le Quéré C. 2007. Saturation of the Southern Ocean CO_2 sink due to the recent climate change. Science,

316: 1735-1738.

Le Quéré C., Moriarty R., Andrew R.M., Peters G.P., Ciais P., Friedlingstein P., Boden T.A. 2014. Global carbon budget 2014. Earth System Science Data, 7: 47-85.

Le QuéréC., Peters G.P., Andres R.J., Andrew R. M., Boden T.A., Ciais P., Friedlingstein P., Houghton R.A., Marland G., Moriarty R., Sitch S., Tans P., Arneth A., Arvanitis A., Bakker D.C.E., Bopp L., Canadell J.G., Chini L.P., Doney S.C., Harper A., Harris I., House J.I., Jain A.K., Jones S.D., Kato E., Keeling R.F., Klein Goldewijk K., Körtzinger A., Koven C., Lefèvre N., Maignan F., Omar A., Ono T., Park G-H., Pfeil B., Poulter B., Raupach M.R., Regnier P., Rödenbeck C., Saito S., Schwinger J., Segschneider J., Stocker B.D., Takahashi T., Tilbrook B., van Heuven S., Viovy N., Wanninkhof R., Wiltshire A., Zaehle S. 2014. Global Carbon Budget 2013. Earth System Science Data, 6: 235-263.

Lean J.L., Rind D.H. 2008. How natural and anthropogenic influences alter global and regional surface temperatures: 1889 to 2006. Geophysical Research Letters, 35: L18 701.

Liao H., Fan Y., Wei Y.M. 2007. What induced China's energy intensity to fluctuate: 1997~2006? Energy Policy, 35: 4640-4649.

Lin J.Y, Zhang F. 2015. Sustaining growth of the People's Republic of China. Asian Development Review, 32: 31-48.

Lin X. 1996. China's Energy Strategy: Economic Structure, Technological Choices, and Energy Consumption. Connecticut, London: Praeger Publishers.

Lin X., Polenske K.R. 1995. Input-output anatomy of China's energy use changes in the 1980s. Economic Systems Research, 7: 67-84.

Lindzen R.S., Choi Y.S. 2009. On the determination of climate feedbacks from ERBE data. Geophysical Research Letters, 36: 287-295.

Liston G.E., Hiemstra C.A. 2011. The changing cryosphere: Pan-Arctic snow trends (1979~2009). Journal of Climate, 24: 5691-5712.

Liu L.C., Fan Y., Wu G., Wei Y.M. 2007. Using LMDI method to analyze the change of China's industrial CO_2 emissions from final fuel use--an empirical analysis. Energy Policy, 35: 5892-5900.

Lockwood M., Fröhlich C. 2007. Recent oppositely directed trends in solar climate forcings and the global mean surface air temperature. Proceedings of the Royal Society A: Mathematical Physical and Engineering Sciences, 463: 2447-2460.

Lomborg B. 2003. The Skeptical Environmentalist: Measuring the Real State of the World. Cambridge: Cambridge University Press.

Lu Z., Streets D.G., Zhang Q. 2010. Sulfur dioxide emissions in China and sulfur trends in East Asia since 2000. Atmospheric Chemistry and Physics, 10: 6311-6331.

Maddison A. 2001. Development Centre Studies: the World Economy: a Millennial Perspective. Paris: OECD.

Marland G., Boden T.A., Andres R.J. 2008. Global, Regional, and National Fossil-Fuel CO_2 Emissions // Trends: A Compendium of Data on Global Change. Oak Ridge: Oak Ridge National Laboratory.

McGuire A.D., Sitch S., Clein J.S., Dargaville R., Esser G., Foley J., Heimann M., Joos F., Kaplan J., Kicklighter D.W., Meier R.A., Melillo J.M., Moore III B., Prentice I.C., Ramankutty N., Reichenau T., Schloss A., Tian H., Williams L.J., Wittenberg U. 2001. Carbon balance of the terrestrial biosphere in the twentieth century: analyses of CO_2, climate and land-use effects with four process-based ecosystem models. Global Biogeochemistry Cycles, 15: 183-206.

McKinsey Global Institute. 2009. Preparing for China's urban billion. Executive Summary. McKinsey & Company.

Meinshausen M., Meinshausen N., Hare W., Raper S.C.B., Frieler K., Knutti R., Frame D.J., Allen M.R. 2009. Greenhouse-gas emission targets for limiting global warming to 2 ℃. Nature, 458: 1158-1162.

Mendelsohn R. 2008. Comments on Simon Dietz and Nicholas Stern's why economic analysis supports strong action on climate change: a response to the Stern review's critics. Review of Environmental Economics and Policy, 2: 309-313.

Meyer A. 2004. Briefing: contraction and convergence. Proceedings of the Institution of Civil Engineers-Engineering Sustainability, 157: 189-192.

Miles B., Stokes C., Vieli A., Cox N. 2013. Rapid, climate-driven changes in outlet glaciers on the Pacific coast of East Antarctica. Nature, 500: 563-566.

Miller G.H., Geirsdóttir Á., Zhong Y., Larsen D.J., Otto-Bliesner B.L., Holland M.M., Bailey D.A., Refsnider K.A., Lehman S.J., Southon J.R. 2012. Abrupt onset of the Little Ice Age triggered by volcanism and sustained by sea-ice/ocean feedbacks. Geophysical Research Letters, 39: 2708.

Minnis P., Harrison E.F., Stowe L.L. 1993. Radiative climate forcing by the mount Pinatubo eruption. Science, 259: 1411-1415.

Mitchell J.F.B., Johns T.C., Gregory J.M. 1995. Climate response to increasing levels of greenhouse gases and sulphate aerosols. Nature, 376: 501-504.

Moomaw W.R., Unruh G.C. 1997. Are environmental Kuznets curves misleading us? The case of CO_2 emissions. Environment and Development Economics, 2: 451-463.

Müller B. 2002. Equity in Climate Change: The Great Divide. Oxford: Oxford Institute for Energy Studies.

Myhre G. 2009. Consistency between satellite-derived and modeled estimates of the direct aerosol effect. Science, 325: 187-190.

Nakano S., Okamura A., Sakurai N., Suzuki M., Tojo Y., Yamano N. 2009. The Measurement of CO_2 Embodiments in International Trade: Evidence from the Harmonised Input-Output and Bilateral Trade Database. OECD Science, Technology and Industry Working Papers. Paris: OECD.

NASA & Buis. 2012. NASA Study Examines Antarctic Sea Ice Increases. http://www.nasa.gov/topics/earth/features/earth20121112.html.

National Development Research Centre (NDRC) , 2004. China National Energy Strategy and Policy to 2020: subtitle 7: global climate change: challenges, opportunities,and strategy faced by China. Beijing: NDRC.

National Environmental Trust. 1998. Climate Bulletin: Big Oil's Secret Plan to Block the Global Warming Treaty. Washington DC: National Environmental Trust.

Neckel N., Kropá ek J., Bolch T., Hochschild V. 2014. Glacier mass changes on the Tibetan Plateau 2003-2009 derived from ICESat laser altimetry measurements. Environmental Research Letters, 9: 014009.

Olson J.S., Watts J.S., Allison L.J. 1983. Carbon in live vegetation of major world ecosystems // Report ORNL-5862. Oak Ridge : Oak Ridge National Laboratory.

Ott. H., Arens C., Hermwille L., Mersmann F., Obergassel W., Wang-Helmreich H., Wehert T.. 2015. A first assessment of the Climate Conference in Lima-COP20 moves at a snail's pace on the road to Paris 2015. Environmental Law & Management, 26: 153-160.

Ottinger R.L. 2009. Copenhagen Climate Conference-Success or Failure. Pace Environmental Law Review, 27: 411-419.

Ozturk I. 2010. A literature survey on energy-growth nexus. Energy Policy, 38: 340-349.

Padilla E., Serrano A. 2006. Inequality in CO_2 emissions across countries and its relationship with income inequality: a distributive approach. Energy Policy, 34: 1762-1772.

Pan J. 2008. Welfare dimensions of climate change mitigation. Global Environmental Change, 18: 8-11.

Pan J., Phillips J., Chen Y. 2008. China's balance of emissions embodied in trade: approaches to measurement and allocating international responsibility. Oxford Review of Economic Policy, 24: 354-376.

Pan Y., Birdsey R.A., Fang J., Houghton R., Kauppi P.E., Kurz W.A., Phillips O.L., Shvidenko A., Lewis S.L., Canadell J.G., Ciais P., Jackson R.B., Pacala S.W., McGuire A.D., Piao S., Rautiainen A., Sitch S., Hayes D. 2011. A large and persistent carbon sink in the world's forests. Science, 333: 988-993.

Pan Y.D., Luo T.X., Birdsey R., Hom J., Melillo J. 2004. New estimates of carbon storage and sequestration in China's forests: effects of age-class and method on inventory-based carbon estimation. Climatic Change, 67: 211-236.

Peng S., Piao S., Ciais P., Fang J., Wang X. 2010. Change in winter snow depth and its impacts on vegetation in China. Global Change Biology, 16: 3004-3013.

Pérez N.M., Hernández P.A., Padilla G., Nolasco D., Barrancos J., Melían G., Padrón E., Dionis S., Calvo D., Rodríguez F. 2011. Global CO_2 emission from volcanic lakes. Geology, 39: 235-238.

Peters G.P., Guan D.B., Hubacek K., Minx J.C., Weber C.L. 2010. Effects of China's Economic Growth. Science, 328: 824-825.

Piao S., Fang J., Zhou L., Ciais P., Zhu B. 2006. Variations in satellite-derived phenology in China's temperate vegetation. Global Change Biology, 12: 672-685.

Piao S.L., Fang J.Y., Ciais P., Peylin P., Huang Y., Sitch S., Wang T. 2009. The carbon balance of terrestrial ecosystems in China. Nature, 458: 1009-1013.

Piao S.L., Fang J.Y., Zhou L.M., Tan K., Tao S. 2007. Changes in biomass carbon stocks in China's grasslands between 1982 and 1999. Global Biogeochemical Cycles, 21: GB2002, DOI:10.1029/2005GB002634.

Ramanathan V., Carmichael G. 2008. Global and regional climate changes due to black carbon. Nature Geoscience, 1: 221-227.

Ramanathan V., Crutzen P., Kiehl J., Rosenfeld D. 2001. Aerosols, climate, and the hydrological cycle. Science, 294: 2119-2124.

Randel W.J., Shine K.P., Austin J. 2009. An update of observed stratospheric temperature trends. Journal

Geophysical Research: Atmosphere, 114: D02107.

Randerson J.T., Chapin F.S., Harden J.W. 2002. Net ecosystem production: A comprehensive measure of net carbon accumulation by ecosystems. Ecological Applications, 12: 937-947.

Raupach M.R., Marland G., Ciais P., Le QuéréC., Canadell J. G., Klepper G., Field C. B. 2007. Global and regional drivers of accelerating CO_2 emissions. Proceedings of the National Academy of Sciences of the United States of America, 104: 10 288-10 293.

REN21. 2009. Renewables Global Status Report: 2009 Update.Paris: Renewable Energy Policy Network for the 21st Century (REN21) Secretariat.

Robock A. 2000. Volcanic eruptions and climate. Reviews of Geophysics, 38: 191-219.

Rogner H.H., Zhou D., Bradley R., Crabbé P., Edenhofer O., Hare B., Kuijpers L., Yamaguchi M. 2007. Introduction // IPCC. Climate Change 2007: Mitigation. Contribution of Working Group III to the Fourth Assessment Report of the Intergovernmental Panel on Climate Change. Cambridge: Cambridge University Press.

Sallenger Jr A.H., Doran K.S., Howd P.A. 2012. Hotspot of accelerated sea-level rise on the Atlantic coast of North America. Nature Climate Change, 2: 884-888.

Santer B.D., Mears C., Wentz F., Taylor K., Gleckler P., Wigley T., Barnett T., Boyle J., Brüggemann W., Gillett N. 2007. Identification of human-induced changes in atmospheric moisture content. Proceedings of the National Academy of Sciences of the United States of America, 104: 15 248-15 253.

Scafetta N., West B.J. 2007. Phenomenological reconstructions of the solar signature in the Northern Hemisphere surface temperature records since 1600. Journal of Geophysical Research, 112, D24S03, DOI:10.1029/2007JD008437.

Schiermeier Q. 2010. IPCC flooded by criticism. Nature, 463: 596.

Schimel D., Melillo J., Tian H.Q., McGuire A.D., Kicklighter D., Kittel T., Rosenbloom N., Running S.,Thornton P., Ojima D., Parton W., Kelly R., Sykes M., Neilson R., Rizzo B. 2000. Contribution of Increasing CO_2 and Climate to Carbon Storage by Ecosystems in the United States. Science, 287: 2004-2006.

Schimel D.S. 1995. Terrestrial ecosystems and the carbon cycle. Global Change Biology, 1: 77-91.

Schimel D.S., House J.I., Hibbard K.A., et al. 2001. Recent patterns and mechanism of carbon exchange by terrestrial ecosystems. Nature, 414: 169-172.

Schlesinger W.H. 1997. Carbon cycles of terrestrial ecosystems. Biogeochemistry: An Analysis of Global Change. 2nd. San Diego: Academic Press: 127-165.

Schmidt G., Rahmstorf S. 2008. Uncertainty, noise and the art of model-data comparison. http://www.realclimate.org/index.php/archives/2008/01/uncertaintynoise-and-the-art-of-model-data-comparison[2017-5-12].

Schwartz S E. 2007. Heat capacity, time constant, and sensitivity of Earth's climate system. Journal of Geophysical Research, 112, D24S05, DOI:10.1029/2007JD008746.

Shapiro H.T., Diab R., de Brito Cruz C., Cropper M., Fang J., Fresco L., Manabe S., Mehta G., Molina M., Williams P. 2010. Climate Change Assessments: Review of the Processes and Procedures of the IPCC. Amsterdam: InterAcademy Council.

Sheehan P., Sun F. 2006. Energy Use and CO_2 Emissions in China: Retrospect and Prospect. CSES Climate Change Working Paper no. 4, Center for Strategic Economic Studies. http://www.cfses.com/projects/climate.htm[2017-6-5].

Shindell D.T. 2001. Climate and ozone response to increased stratospheric water vapor. Geophysical Research Letters, 28: 1551-1554.

Singer S.F. 1999. Human contribution to climate change remains questionable. EOS, Transactions American Geophysical Union, 80: 183-187.

Singer S.F. 2003. Science editor bias on climate change. Science, 301: 595-596.

Singer S.F. 2008. Nature, not Human Activity, Rules the Climate: Summary for Policy Makers of the Report of the Nongovernmental International Panel on Climate Change. Chicago: The Heartland Institute.

Sinton J.E., Levine M.D. 1994. Changing energy intensity in Chinese industry: the relatively importance of structural shift and intensity change. Energy Policy, 22: 239-255.

Sinton, J.E., Joanna I. L., Mark D.L., Zhu Y.Z. 2003. China's Sustainable Energy Future: Scenarios of Energy and Carbon Emissions. Energy Research Institute of the National Development and Reform Commission, People's Republic of China; Lawerence Berkeley National Laboratory U.S.A.

Smith C.A., Haigh J.D., Toumi R. 2001. Radiative forcing due to trends in stratospheric water vapour. Geophysical Research Letters, 28: 179-182.

Smith D.M., Cusack S., Colman A.W., Folland C.K., Harris G.R., Murphy J.M. 2007. Improved surface temperature prediction for the coming decade from a global climate model. Science, 317: 796-799.

Solanki S.K., Krivova N.A. 2003. Can solar variability explain global warming since 1970? Journal of Geophysical Research, 108: 120. DOI: 10. 1029/2002JA009753.

Solomon S., Daniel J.S., Neely R., Vernier J.P., Dutton E.G., Thomason L.W. 2011. The persistently variable "background" stratospheric aerosol layer and global climate change. Science, 333: 866-870.

Soon W.W.H. 2005. Variable solar irradiance as a plausible agent for multidecadal variations in the Arctic-wide surface air temperature record of the past 130 years. Geophysical Research Letters, 32: L16712.

Stern N. 2007. The Economics of Climate Change: the Stern Review. Cambridge: Cambridge University Press.

Sterner T., Persson U.M. 2008. An even sterner review: introducing relative prices into the discounting debate. Review of Environmental Economics and Policy, 2: 61-76.

Stöckli R., Vidale P.L. 2004. European plant phenology and climate as seen in a 20-year AVHRR land-surface parameter dataset. International Journal of Remote Sensing, 25: 3303-3330.

Strachan N., Foxon T., Fujino J. 2015. Modelling Long-term Scenarios for Low Carbon Societies. Oxford:Routledge.

Sun J. 1999. The nature of CO_2 emission Kuznets curve. Energy Policy, 27: 691-694.

Sun J.W. 1998. Accounting for energy use in China, 1980–1994. Energy, 23: 835-849.

Tans P.P., Fung I.Y., Takahashi T. 1990. Observational constraints on the global atmospheric budget. Science, 247: 1431-1438.

The Netherlands Environmental Assessment Agency. 2008. Global CO_2 emissions: annual increase halves in 2008. http://www.pbl.nl/en/publications/2009/Global-CO₂-emissions-annual-increase-halves-in-2008.html[2017-3-21].

Tobin P. 2015. The politics of climate change: can a deal be done? Political Insight, 6: 32-35.

Tollefson J. 2015-5-21. Radar data from Cryosat-2 probe show sudden ice loss on southern Antarctic Peninsula // Bamber J.L.'Stable' region of Antarctic is melting. Nature, DOI: 10.1038/nature. 2015.17606.

Trenberth K.E., Fasullo J.T., Kiehl J. 2009. Earth's global energy budget. Bulletin of the American Meteorological Society, 90: 311-323.

Trenberth K.E., Fasullo J.T., O'Dell C. 2010. Relationships between tropical sea surface temperature and top-of-atmosphere radiation. Geophysical Research Letters, 37: L03702

Trenberth K.E., Jones P.D., Trenberth K., Ambenje P., Bojariu R., Easterling D., Klein T., Parker D., Renwick J., Rusticucci M., Soden B. 2007. Observations: surface and atmospheric climate change // IPCC. Climate Change 2007: The Physical Science Basis. Contribution of Working Group I to the Fourth Assessment Report of the Intergovernmental Panel on Climate Change. Cambridge: Cambridge University Press.

Tucker M. 1995. Carbon dioxide emissions and global GDP. Ecological Economics, 15: 215-223.

Usoskin I.G., Schussler M., Solanki S.K. 2005. Solar activity, cosmic rays, and Earth's temperature: a millennium-scale comparison. Journal of Geophysical Research: Space Physics, 110: A10102.

Wang C., Chen J., Zou J. 2005. Decomposition of energy-related CO_2 emissions in China: 1957–2000, Energy, 30: 73-83.

Wang Q. 2008. China's energy policy comes at a price. Science, 321: 1156.

Wang S., Luo Y., Tang G., Zhao Z., Huang J., Wen X. 2010. Does the global warming pause in the last decade: 1999-2008. Advances in Climate Change Research, 6: 95-99.

Weart S. 1997. Global warming, cold war, and the evolution of research plans. Historical Studies in the Physical and Biological Sciences, 27: 319-356.

Weart S.R. 2008. The discovery of global warming: revised and expanded edition. Cambridge: Harvard University Press.

Weber C.L., Peters G.P., Guan D., Hubacek K. 2008. The contribution of Chinese exports to climate change. Energy Policy, 36: 3572-3577.

Whittaker R.H., Likens G.E. 1973. Carbon in the biota // Woodwell, G.M., Pecan, E.V. Carbon and the Biosphere. Springfield, VA: Technical Information Center, Office of Information Services, US Atomic Energy Commission: 281-302.

Wu L.B., Kaneko S., Matsuoka S. 2005. Driving forces behind the stagnancy of China's energy-related CO_2 emissions from 1996 to 1999: the relative importance of structural change, intensity change and scale change. Energy Policy, 33: 319-335.

Yang X., Hou Y., Chen B. 2011. Observed surface warming induced by urbanization in east China. Journal of Geophysical Research: Atmosphere, 116(D14): 263-294.

York R., Rosa E.A., Dietz T. 2003. STIRPAT, IPAT and ImPACT: analytic tools for unpacking the driving forces of environmental impacts. Ecological Economics, 46: 351-365.

Yu Z., Liu S., Wang J., Sun P., Liu W., Hartley D.S. 2013. Effects of seasonal snow on the growing season of temperate vegetation in China. Global Change Biology, 19: 2182-2195.

Zhang G., Zhang Y., Dong J., Xiao X. 2013. Green-up dates in the Tibetan Plateau have continuously advanced from 1982 to 2011. Proceedings of the National Academy of Sciences of the United States of America, 110: 4309-4314.

Zhang J., Xu L., Liu F. 2015. The future is in the past: Projecting and plotting the potential rate of growth and trajectory of the structural change of the Chinese economy for the next 20 years. China & World Economy, 23: 21-46.

Zhang Z.X. 2003. Why did the energy intensity fall in China's industrial sector in the 1990s? The relative importance of structural change and intensity change. Energy Economics, 25: 625-638.

Zhao S., Da L., Tang Z., Fang H., Song K., Fang J. 2006. Ecological consequences of rapid urban expansion: Shanghai, China. Frontiers in Ecology and the Environment, 4: 341-346.

Zheng T.L, Zhu J.L, Wang S.P., Fang J.Y. 2016. When will China achieve its carbon emission peak? National Science Review, 3: 8-15.

Zhou L., Dickinson R.E., Tian Y., Fang J., Li Q., Kaufmann R.K., Tucker C.J., Myneni R.B. 2004. Evidence for a significant urbanization effect on climate in China. Proceedings of the National Academy of Sciences of the United States of America, 101: 9540-9544.

Zhou L., Tucker C.J., Kaufmann R.K., Slayback D., Shabanov N.V., Myneni R.B. 2001. Variations in northern vegetation activity inferred from satellite data of vegetation index during 1981 to 1999. Journal of Geophysical Research: Atmospheres, 106: 20 069-20 083.

附录 1：控制全球温暖化的主要国际公约

1.1 引言

瑞典物理化学家 Arrhenius 早在 1896 年就提出，人类向大气排放 CO_2 气体可能会导致地球表面的温度升高。这大概是最早关于温室气体和全球温暖化的概念。20 世纪 30 年代，人们发现严酷的霜冻与暴雪越发罕见，一些河流在严冬居然并未冻结（Weart，1997）。进一步地，在 50 年代后期，科学界形成了对气候逐渐变暖的共识，并开始研究全球气候变化与温室气体的关系。到 60 年代中期，许多科学家认为世界正面临着前所未有的升温挑战，其原因是化石燃料的燃烧所导致的 CO_2 在大气中的快速累积，并承认人类的行为与某些行业可能从根本上改变全球气候。而该观点直到 90 年代才得到了工业界与政府的重视与认可（方精云等，2000）。

为了应对气候变化问题，也为了让决策者与公众能更好地理解相关科研成果，联合国环境规划署（United Nations Environment Programme，UNEP）和世界气象组织（World Meteorological Organization，WMO）于 1988 年成立了政府间气候变化专门委员会（Intergovernmental Panel on Climate Change，IPCC），旨在提供有关气候变化的科学技术和社会经济认知状况、气候变化原因、潜在影响和应对策略的综合评估。

1990 年，IPCC 发布第一份评估报告。在该报告中，明确指出了目前的地球要比没有温室效应时更暖，且气候变化会对自然生态系统与人类生产生活的诸多方面都产生影响，呼吁人类必须要采取灵活和渐进的办法，为解决全球变暖问题实施全球性的、全面的和分阶段的行动。在此基础上，1990 年召开了第二次世界气候大会，号召建立一个气候变化框架条约。经过艰苦的谈判，草拟出《联合国气候变化框架公约》（United Nations Framework Convention on Climate Change，UNFCCC）。1992 年 6 月在巴西里约热内卢举行的联合国环境与发展大会上最终签署了该公约。其中最主要的条款是要求工业化国家（或称发达国家）在 2000 年之前将其温室气体排放量降低到 1990 年的水平。然而在 1995 年于柏林召开的公约成员国会议上，绝大多数国家都坦陈没有能力达到该目标。因此，会议建议用两年的时间针对新的国际协议进行协商，且新的协议要对工业化国家温室气体排放做出可行的强制性限制。

1996 年 6 月，IPCC 发布了第二份全球气候变化评估报告。该报告在大量研究成果的基础上，又一次明确指出，人类活动（主要是温室气体的排放）对全球气候变化具有"明显可见的影响"。1996 年 7 月，公约成员国在日内瓦召开第二次会议。在会议上，各成员国在同意并接受 IPCC 专家组研究成果的同时，在降低温室气体排放这一点上进一步达成共识。

公约成员国于 1997 年 12 月在日本京都召开第三次会议。与会者包括近万名各国代表、观察员和新闻记者。按照 1995 年柏林会议的计划，京都会议通过了一项议定书，即《京都议定书》，对工业化国家温室气体的排放，在时间上和数量上做出了新的规定。新的规定要求，工业化国家在 2008~2012 年必须将其温室气体的年排放总量在 1990 年的基础上至少降低 5%。这项具有法律效力的协议，将使工业化国家保持了近一个半世纪的温室气体排放量逐年上升的趋势发生具有重大历史意义的转变。继而在 1998 年 11 月，公约成员国在阿根廷首都布宜诺斯艾利斯召开第四次会议，旨在解决《京都议定书》中的遗留问题和协议实施的具体问题。

2001 年，IPCC 发布了第三次评估报告，包括"科学基础""影响、适应性和脆弱性"和"减缓"的报告，以及侧重于各种与政策有关的科学与技术问题的综合报告。报告明确指出，新的证据表明，过去 50 年大多数观测到的变暖事实主要由人类活动导致。

进一步地，2007 年 12 月在印度尼西亚巴厘岛举行的联合国气候变化大会通过了"巴厘路线图"，为应对气候变化谈判的关键议题确立了明确议程。一方面要求签署《京都议定书》的发达国家要履行《京都议定书》的规定，承诺 2012 年以后大幅度量化减排指标；另一方面，发展中国家和未签署《京都议定书》的发达国家则要在《联合国气候变化框架公约》下采取进一步应对气候变化的措施。此外，"巴厘路线图"还设定了两年的谈判时间，确定在 2009 年哥本哈根大会上完成 2012 年后全球应对气候变化新安排的谈判。

然而，2009 年 12 月在丹麦哥本哈根召开的世界气候大会，其结果却不尽如人意。大会最后时刻，由美国和基础四国（中国、印度、巴西和南非）起草的《哥本哈根协议》，获得了欧盟各国、日本等 30 多个国家的支持，并在随后的全会讨论中，获得大部分发展中国家的支持。然而，因图瓦卢、苏丹以及哥伦比亚等国家的反对，该协议未获一致通过。但是达成了以下共识：发达国家和发展中国家应该制定应对气候变化的共同目标清单，同时应建立检查各自进程的国际机制。协议规定，发达国家需向发展中国家提供技术与资金支持。但是，该协议并没有成为一份可以取代《京都议定书》的、具有法律效力的全面协议。因此，哥本哈根气候大会虽为以后国际气候谈判奠定了新的起点，也使得进一步签署具有法律效力的气候协议获得世界范围的呼声，但由于未能如期完成谈判，哥本哈根会议不得不延长"巴厘路线图"授权。

这一被延长的授权在 2010 年的坎昆会议上再次被拖延。在多国首脑缺席坎昆会议、核心问题依旧陷入僵局等情况下，会议经过艰难的协商，在气候资金、技术转让与森林保护等问题上取得了一些成果。其中，确定发达国家在 2010~2012 年通过"国际机构"为发展中国家提供 300 亿美元，作为控制气候变化的快速启动资金。但减排目标、责任区分、长期资金援助以及美方减排承诺等核心问题依旧悬而未决，更多议题和亟待解决的困难都留给了下一次气候大会。

德班气候大会便是在人们的期待中召开的。德班气候大会没有确定《京都议定书》第一承诺期到期后，第二承诺期的具体到期时间，只是规定了两个时间段供选择，即 2017 年 12 月 31 日以及 2020 年 12 月 31 日；美国拒绝成为合约缔约国的问题仍然未取得突破；提出了增强合作行动平台的建设，切实要求各国共同应对气候变化，做出实际行动；设立绿色气候基金。除此之外，仍有诸多议题留待之后的多哈会议、华沙会议、巴黎大会等会议进行讨论与解决。

2015 年 11 月 30 日，第 21 届联合国气候变化大会在巴黎北郊的布尔歇展览中心举行。在此之前，《联合国气候变化框架公约》缔约方会议邀请各方于巴黎大会前尽可能早地提交强化气候行动的国家自主贡献文件。在大会召开时，已有 184 个缔约方提交了应对气候变化国家自主贡献文件，涵盖了全球碳排放量的 97.9%。同时，超过 150 个国家的元首和政府首脑参加了巴黎气候大会。12 月 12 日，《联合国气候变化框架公约》195 个缔约方在巴黎达成新的气候协议。《巴黎协定》成为历史上首个关于气候变化的全球性协定，具有非常重要的意义。该协定在总体目标、责任区分、资金技术等多个核心问题上取得进展，被认为是气候变化谈判过程中历史性的转折点。根据协定，各方同意将全球平均气温升幅与前工业化时期相比控制在 2℃以内，并继续努力，争取把温度升幅限定在 1.5℃之内。协定指出，发达国家应继续带头，努力实现减排目标，发展中国家则应依据不同的国情继续强化减排努力，并逐渐实现减排或限排目标。资金方面，协定规定发达国家应为发展中国家提供资金支持。同时，将"2020 年后每年提供 1000 亿美元帮助发展中国家应对气候变化"作为底线，提出各方最迟应在 2025 年前提出新的资金资助目标。在备受各方关注的国家自主贡献问题上，根据协定，各方将以"自主贡献"的方式参与全球应对气候变化行动。各方应该根据不同的国情，逐步增加当前的自主贡献，并尽其最大可能，同时负有共同但有区别的责任。协定还就此建立起一个盘点机制，即从 2023 年开始，每 5 年对全球行动总体进展进行一次盘点，以帮助各国提高力度、加强国际合作、实现全球应对气候变化长期目标。

气候变化谈判是环境与发展的博弈，是智慧与利益的交锋。多年马拉松般的谈判，国际社会先后取得了诸多成果，也制订了许多重要文件或协议，其中《联合国气候变化框架公约》《京都议定书》"巴厘路线图"《哥本哈根协议》与《巴黎协定》影响较大。

1.2 《联合国气候变化框架公约》

《联合国气候变化框架公约》于 1992 年 5 月 9 日被采纳，并在随后的首脑会议上对各国开放签字。公约由序言及 26 条正文组成，并确立了 5 个基本原则：①"共同而有区别"的原则，要求发达国家应率先采取措施，应对气候变化；②要考虑发展中国家的具体需要和国情；③各缔约方应当采取必要措施，预测、防止和减少引起气候变化的因素；④尊重各缔约方的可持续发展权；⑤加强国际合作，应对气候变化的措施不能成为国际贸易的壁垒。

该公约旨在控制大气中二氧化碳、甲烷和其他温室气体的排放，使温室气体的浓度低于令气候系统遭受不可修复的破坏的水平。公约对发达国家和发展中国家所规定的义务有所区别。公约要求发达国家作为温室气体的排放大户，需要采取具体措施限制温室气体的排放，并向发展中国家提供资金以支付它们履行公约义务所需的费用。而发展中国家只承担提供温室气体源与汇的国家清单的义务，制订并执行含有关于温室气体源与汇方面措施的方案，不承担有法律约束力的限控义务。公约建立了一个向发展中国家提供资金和技术，使其能够履行公约义务的资金机制（高风，2013）。由于该公约没有具体规定个别缔约方的义务，因而从这个意义上来说，该公约缺乏法律约束力。作为补充，该公约规定可在后续从属的议定书中设定强制排放限制。根据国际环境组织的评价，大多数觉得该公约差强人意。因为公约仅保留了对稳定性目标并不明确的许诺，但没有提及减排安排，也没有建立一个保障基金和技术转换机制。

1.3 《京都议定书》

《京都议定书》（Kyoto Protocol，全称《联合国气候变化框架公约的京都议定书》）是《联合国气候变化框架公约》的补充条款，于 1997 年 12 月在日本京都由《联合国气候变化框架公约》缔约方第三次大会通过。此前，主要争论点在于温室气体的排放限制是否要将发展中国家也囊括其中。而经过京都会议上与会各方的激烈讨论，最终确定在现阶段，温室气体的排放限制仍只限于工业化国家。同时，《京都议定书》对排放限制生效的时间和限制程度做了较大的变动。在时间上，《京都议定书》把 1992 年公约规定的 2000 年限期推迟到 2008~2012 年。在限制程度上，《京都议定书》把 1992 年公约规定的"降低到 1990 年的排放水平"，改变为"工业化国家在 2008~2012 年平均排放量在 1990 的水平上至少降低 5%"。《京都议定书》还规定，在 2005 年之前，公约组织缔约方还将对工业化国家 2012 年以后的温室气体排放做出进一步要求和规定。

而对发展中国家而言，《京都议定书》提出四点主要要求：发展中国家必须对其温室气体排放量、排放源及吸收源进行周期性普查并公布普查结果；发展中国家必须探索和发展全国性计划，并在可能的情况下探索和发展区域性计划（即包括处于同一区域的多个国家），以控制温室气体排放；发展中国家应与工业化国家开展积极合作并采取任何可能的步骤，促进有助于控制全球温暖化的技术和知识转让；发展中国家可以参加与工业化国家的排放交易和特定项目的排放信贷交易，但是必须接受为其制定的排放限制标准（National Environmental Trust，1998）。

《京都议定书》的制定，是全球协作控制全球温暖化所迈出的重要一步。虽然在1999年3月15日，即议定书签字期最后一天，共有美国、欧盟各国、俄罗斯、日本、中国、巴西等84个国家在议定书上签字，但最后只有马尔迪维斯和古巴等7个小岛国和地势低洼的国家批准了《京都议定书》，说明明确各国减排责任，落实各国减排任务依旧任重而道远。

《京都议定书》准确地反映了世界各国对全球温暖化的一致立场，即人类必须控制和降低温室气体的排放以控制和缓解全球温暖化。它使得许多接受排放限制的工业化国家开始探讨和开发限制温室气体排放的可能措施，并取得了许多进展，引领了未来若干年国际间控制全球温暖化的协作政策和行动，引发了相关技术和政策的研究热潮（方精云等，2000）。

1.4　"巴厘路线图"

《联合国气候变化框架公约》缔约方会议第13次大会暨《京都议定书》缔约方会议第3次大会于2007年12月3~15日在印度尼西亚巴厘岛举行。会议的主要成果是制定了"巴厘路线图"，其中最主要的是3项内容是：加强落实《联合国气候变化框架公约》的决定，即《巴厘行动计划》；《京都议定书》下发达国家第二承诺期谈判特设工作组关于未来谈判的时间表；确定《京都议定书》第9条下的审查目的、范围和内容。

"巴厘路线图"总的方向是强调加强国际长期合作，促进履行公约的行动，从而在全球范围内减少温室气体排放，以实现公约制定的目标。会议决定立刻启动一个全面谈判进程，以充分、有效和可持续地履行公约。这一进程要求依照公约已确定的原则，特别是"共同但有区别的责任"和"各自能力"

原则，综合考虑社会、经济条件以及其他相关因素。这一规定充分反映了在应对气候变化方面，不同国家由于其历史进程、自然地理位置、自然资源条件以及发展水平等多方面存在差异，因而其所能够承担的责任与应承担的义务也应当反映这种差异。同时，"巴厘路线图"还强调要开展"国际长期合作"，旨在加强公约实施的可能性，其核心是发达国家向发展中国家提供技术转让和资金支持。概括来讲，路线图主要包括 4 个方面的内容，即减缓、适应、技术和资金。

会议在一些条款的谈判上陷入困境，其中谈判困难程度较大的几个条款：一为要求公约发达国家缔约方，依据其不同的国情，承担可测量的、可报告的和可核证的与其国情相符的温室气体减排承诺或行动，包括量化的温室气体减排和限排目标，同时要确保发达国家间减排努力的可比性；二为发展中国家缔约方应承担与《京都议定书》缔约方的发达国家在 2012 年后的量化减排指标具有可比性的减排义务；三为发展中国家要在可持续发展框架下，在得到技术、资金和能力建设的支持下，采取适当的国内减缓行动，上述支持和减缓行动均应是可测量的、可报告的和可核证的。其中，最后一项条款意味着发达国家需先向发展中国家提供技术、资金和能力建设的支持，而"可测量的、可报告的和可核证的"的减排又是对发展中国家的巨大挑战。

"巴厘路线图"粗略划定了未来谈判的框架，有待于将谈判原则进一步转化为具体的法律语言。同时路线图也为未来谈判画下了蓝图，希望能够在 2009 年制定出发达国家在 2012 年后量化的温室气体减排任务；发展中国家也在发达国家技术和资金支持下，采取具有实质效果的国内减缓行动。以上内容皆需要在 2009 年的哥本哈根大会上完成谈判，并签订进一步协议。

1.5 《哥本哈根协议》

哥本哈根世界气候大会全称《联合国气候变化框架公约》第 15 次缔约方大会暨《京都议定书》第 5 次缔约方大会，于 2009 年 12 月 7~18 日在丹麦首都哥本哈根召开。共有来自 192 个缔约方的谈判代表与会。其目的为商讨《京都议定书》第一承诺到期后的后续方案，即 2012~2020 年的全球减排协议。按照预期，《哥本哈根协议》将成为继《京都议定书》后又一个具有划时代意义的全球气候协议，将对今后的气候变化走向产生决定性的影响。然而，实际上从会议开始之前，各方势力明争暗斗，使得会议中不断出现新的矛盾和变化。

在会议开始之前，"气候门"事件被爆出，不但涉及多位世界顶级气候学家，也使得人类活动对气候变化所起到的作用被质疑为谎言和欺骗。该事件为气候变化的批评者提供了弹药，也增加了哥本哈根会议的风险。

会议中，以美国为首的碳排放大国，包括中国在内的发展中国家以及欧盟成为三大阵营分庭抗礼。这三大阵营所制定的减排方案与标准相去甚远。其中以美国为首的碳排放大国高喊减排口号，并督促它国减排，但实际在减排责任方面仅宣布在 1990 年的基础上减少 4% 的温室气体排放，更不愿意为发展中国家的减排提供资金和技术上的实际支持。中国等发展中国家呼吁发达国家承担更多减排责任，提供技术和资金上的支持，但同时自身也被要求承担更多的制约和挑战。其中，中国代表发展中国家提出，到 2020 年单位GDP 碳排放量在 2005 年的基础上降低 40%~45%。而欧盟在发展低碳经济方面有着较大的优势，因此在会议上表现得最为积极和激进。

经过艰苦的协商与讨论，最终美国、中国、印度、巴西和南非五国提出了一份大会文件草案，即《哥本哈根协议》。该协议不具备法律约束力，重申了全球气温上升幅度不得多于 2℃ 的目标。在资金方面，发达国家同意在2020 年前每年集资 1000 亿美元协助较为贫穷的发展中国家适应气候变化，并承诺在未来三年内，发达国家首先提供 300 亿美元资金，其中欧盟出资 106亿美元，日本出资 110 亿美元，美国出资 36 亿美元。

从某种程度上来说，哥本哈根会议几乎无果而终，环保组织等社会人士大失所望。虽然会后许多国家确定了减排目标，但不能改变在 2012 年《京都议定书》第一承诺期到期后，全球缺乏共同文件约束温室气体排放的局面。

1.6 《巴黎协定》

1.6.1 《巴黎协定》的形成

巴黎世界气候大会全称为《联合国气候变化框架公约》第 21 次缔约方大会暨《京都议定书》第 11 次缔约方大会。在巴黎大会开始前，世界各国就对此次大会充满信心。这些信心一方面得益于 2014 年 12 月 1 日召开的利马世界气候大会上确定了巴黎世界气候大会协议草案的要素，包括减缓、适应、资金、技术、能力建设、透明度等，同时明确了各缔约方提交 2020 年后应对气候变化的国家自主贡献的时间和信息，并加大了 2020 年之前的行动力度，特别是发达国家要大幅度提高 2020 年前的减排力度，兑现在资金、技术转让和能力建设方面向发展中国家提供支持。另一方面，中美两国在 2014 年 11 月 12 日共同发表了《中美气候变化联合声明》，宣布两国 2020 年后各自应对气候变化的行动目标。这种积极的态度为巴黎气候大会创造了良好态势。中国、美国与欧盟约占全球碳排放一半的经济体已经公布了自主贡献减排目标，意味着巴黎气候大会的底线已大致清晰。

2015 年 11 月 30 日，巴黎世界气候大会正式开始，经过一周的反复讨论与协商后，会议于 2015 年 12 月 5 日向法国外交部长法比尤斯递交来自 195 个代表团签署的一份长达 48 页的协议草案。在 2015 年 12 月 12 日晚召开的大会最后一次全会上，法比尤斯宣告具有里程碑意义的《巴黎协定》诞生，全球应对气候变化的进程前进了一大步。

1.6.2 《巴黎协定》的主要内容

《巴黎协定》体现出"共同但有区别的责任"的原则。协定中根据各国国情和自主能力行动计划，采取非侵入、非对抗模式的评价机制，在减排、资金等重要条款上灵活表述，明确各方责任和义务。其中，要求欧美等发达国家继续开展减排并对减排量进行绝对量化，逐渐实现全经济体绝对减排目标，同时为发展中国家提供资金支持，帮助发展中国家减缓和适应气候变化。中国、印度等发展中国家应该根据自身情况提高减排目标，逐步实现零排放。具体到中国，要从"相对强度减排"逐步过渡到"碳排放总量达峰"，再到"碳排放总量绝对减排"。而最不发达国家和小岛屿的发展中国家可以根据其特殊情况，编制和通报减排战略、计划和行动。

协定中设定了全球应对气候变化的长期目标，清晰表明要把全球平均气温比工业化之前水平的升高幅度控制在 2℃ 范围内，到 2030 年全球碳排放量控制在 400 亿 t，2080 年实现净零排放；并努力将气温升幅限制在 1.5℃ 之内，同时还提出了在 21 世纪下半叶实现全球温室气体的净零排放。协定请各国在 2020 年前通报 2050 年低碳排放发展长期战略。

为了督促各国的减排行动，促进各国提出的行动目标不断进步，协定要求建立一个约束机制，即在 2023 年进行第一次全球总结，此后每 5 年对各国行动的效果进行全球盘点，包括盘点各国的自主行动目标，定期评估各国的减排量，以此鼓励各国基于新的情况、新的认识不断加大行动力度，确保实现应对气候变化的长期目标。同时，由于目前各国的自主贡献排放目标仍有差距，将在 2018 年建立一个对话机制，盘点减排进展与 2℃长期目标的差距，并督促各国调整减排目标，以期使得各国气候减排行动的总减排量与 2℃目标相符。协定要求建立针对自主贡献的目标机制、资金机制与市场机制等。

协定允许使用国际转让的减缓成果来实现协定下的国家自主贡献目标，但要避免双重核算。协定要求为此建立一个机制，供各国自愿使用，在减缓温室气体排放的同时，支持该国的可持续发展。该机制在巴黎大会上并未被确定下来，协定要求在《巴黎协定》缔约方第一次会议上通过该国际转让机制的具体规则、模式和程序。

《巴黎协定》对于发展中国家最关心的资金议题也作了进一步明确。协定要求发达国家提高资金支持水平，制定切实的路线图，以实现在 2020 年之前每年提供 1000 亿美元资金的目标。2020 年以后，协定要求缔约方在考虑发展中国家需求的情况下，于 2025 年之前设定一个新的共同量化目标，且每年的资金支持量不少于 1000 亿美元。

总而言之，协定主要内容涵盖坚持公约原则、设定长期目标、建立自主贡献减排模式、设置定期盘点机制、建立减缓成果的国际转让机制与确定发达国家资金支持等六个方面。此外，《巴黎协定》还就气候适应、损失和损害、技术转让、加强透明度、能力建设等方面做出了相应的机制安排（张斌和张小锋，2015）。

1.6.3 《巴黎协定》在中国

中国是目前世界上年碳排放最大的国家，承受着较大的减排压力。国内雾霾等环境污染问题也吸引着民众和媒体的眼球，政府治理污染的压力不断加大。然而，目前中国尚处于新型工业化、城镇化的发展转型阶段，对化石能源的依赖较大，清洁能源的发展依旧需要时日。面对以上压力和困难，中国勇于直面挑战，在气候变化自主行动目标中提出碳排放、森林碳汇等多方面的目标。具体包括：二氧化碳排放 2030 年左右达到峰值并争取尽早达峰；单位国内生产总值二氧化碳排放比 2005 年下降 60%~65%，非化石能源占一次能源消费比例达到 20% 左右，森林蓄积量比 2005 年增加 45 亿 m^3 左右。中国还将继续主动适应气候变化，在农业、林业、水资源等重点领域和城市、沿海、生态脆弱地区形成有效抵御气候变化风险的机制和能力，逐步完善预测预警和防灾减灾体系。同时，中国在体制机制、生产方式、消费模式、经济政策、科技创新、国际合作等方面进一步采取强化政策和措施，以达成自主行动目标。

这些目标的实现可以彰显中国的责任心以及执行力，但也可能对中国的发展造成影响。就政府而言，需要及时调控减排力度，完善减排政策。减排力度过强会造成较大的减排压力，影响社会经济发展；减排力度不足则难以实现目标。在推行碳交易等政策时，应积极总结国外经验，结合中国国情，同时要及时吸纳反馈完善政策，确保政策的公开透明。

就企业而言，应促进能源、技术的清洁化、低碳化，积极引入节能减排的新技术、新手段，同时密切关注相关优惠政策和碳交易信息，以期在实现减排的同时，不降低企业效益，甚至为企业增加效益，从而形成一个减排—增效—再减排的良性循环。

就民众而言，一方面，应积极行使自己的公众参与权，监督相关机构，对实现自主行动目标中个人和集体的不透明、不公正、不合乎规定的行为及时反馈给上层；另一方面，应响应国家号召，尝试绿色生活、低碳出行，使用清洁能源。同时，需要对节能减排的政策、文件有更多了解，不偏听偏信种种"阴谋论"，对谣传理智判断。

总之，《巴黎协定》是气候变化谈判的一个里程碑。为了保证协定能够全面、有效和持续的实施，中国在积极减排的同时，仍有许多工作要做，包括：督促各国积极实现协定目标；督促发达国家提供资金支持，并强化绿色气候基金作为公约资金机制主要运营实体的地位；督促发达国家向发展中国家转让技术，对技术研发提供支持；明确相关制度的透明度及评审规则等。

附录2：有关附表

附表1　1980~2010年全球主要国家碳排放强度变化趋势

（t C/ 千美元，1990 年美元不变价）

年份	加拿大	法国	德国	印度	意大利	日本	英国	美国	巴西	中国	墨西哥	南非
1980	0.29	0.17	0.28	0.13	0.15	0.15	0.20	0.29	0.09	0.31	0.19	0.51
1981	0.28	0.15	0.26	0.13	0.14	0.14	0.19	0.27	0.08	0.29	0.20	0.57
1982	0.26	0.14	0.25	0.13	0.13	0.14	0.18	0.25	0.08	0.29	0.21	0.61
1983	0.25	0.13	0.24	0.14	0.13	0.13	0.18	0.24	0.08	0.29	0.18	0.62
1984	0.25	0.12	0.25	0.14	0.12	0.13	0.17	0.24	0.07	0.30	0.17	0.65
1985	0.24	0.12	0.24	0.15	0.12	0.12	0.18	0.24	0.08	0.31	0.18	0.66
1986	0.22	0.11	0.24	0.15	0.12	0.12	0.18	0.23	0.08	0.32	0.17	0.66
1987	0.23	0.11	0.23	0.15	0.12	0.12	0.17	0.24	0.08	0.32	0.18	0.64
1988	0.24	0.10	0.23	0.16	0.12	0.12	0.17	0.24	0.08	0.33	0.17	0.66
1989	0.23	0.11	0.22	0.17	0.12	0.12	0.17	0.24	0.08	0.32	0.20	0.64
1990	0.23	0.11	0.22	0.17	0.12	0.13	0.16	0.22	0.08	0.32	0.17	0.62
1991	0.23	0.11	0.20	0.17	0.12	0.13	0.17	0.22	0.08	0.30	0.17	0.63
1992	0.23	0.10	0.19	0.17	0.12	0.13	0.16	0.22	0.08	0.29	0.16	0.58
1993	0.23	0.10	0.18	0.17	0.12	0.12	0.15	0.21	0.08	0.28	0.16	0.61
1994	0.22	0.09	0.17	0.17	0.11	0.13	0.15	0.21	0.08	0.28	0.16	0.63
1995	0.21	0.10	0.17	0.17	0.12	0.13	0.14	0.21	0.08	0.28	0.15	0.61

（续表）

年份	加拿大	法国	德国	印度	意大利	日本	英国	美国	巴西	中国	墨西哥	南非
1996	0.21	0.10	0.17	0.18	0.12	0.13	0.15	0.21	0.09	0.28	0.15	0.61
1997	0.22	0.09	0.16	0.17	0.12	0.13	0.14	0.21	0.09	0.26	0.15	0.62
1998	0.23	0.10	0.16	0.17	0.12	0.12	0.13	0.20	0.09	0.23	0.16	0.61
1999	0.21	0.09	0.15	0.17	0.12	0.13	0.13	0.19	0.09	0.22	0.15	0.60
2000	0.21	0.08	0.15	0.17	0.11	0.13	0.12	0.19	0.09	0.21	0.15	0.57
2001	0.21	0.08	0.15	0.16	0.11	0.12	0.12	0.19	0.09	0.19	0.15	0.55
2002	0.20	0.08	0.14	0.16	0.11	0.13	0.12	0.19	0.09	0.19	0.15	0.51
2003	0.21	0.08	0.15	0.15	0.12	0.13	0.11	0.18	0.09	0.21	0.15	0.54
2004	0.20	0.08	0.14	0.15	0.12	0.12	0.11	0.18	0.09	0.22	0.15	0.58
2005	0.20	0.08	0.14	0.14	0.11	0.12	0.11	0.17	0.09	0.22	0.15	0.51
2006	0.19	0.08	0.13	0.14	0.11	0.12	0.10	0.17	0.08	0.22	0.15	0.52
2007	0.19	0.07	0.13	0.14	0.11	0.12	0.10	0.17	0.08	0.20	0.15	0.51
2008	0.18	0.07	0.13	0.15	0.11	0.11	0.10	0.16	0.08	0.19	0.15	0.52
2009	0.17	0.07	0.12	0.15	0.10	0.11	0.09	0.16	0.08	0.19	0.15	0.57
2010	0.16	0.07	0.12	0.14	0.10	0.11	0.10	0.16	0.08	0.18	0.14	0.50

附表2 全球及主要国家排放量及人均排放量十年平均变率

年代	全球	发达国家	发展中国家	美国	加拿大	英国	意大利	日本	法国	德国	南非	中国	巴西	印度	墨西哥
					排放变率（百万 t C/ 年）										
1850	3.5	3.4	0.0	0.6	0.0	1.5	—	—	0.5	0.7	—	—	—	—	—
1860	6.2	6.1	0.0	1.5	0.0	2.0	0.0	—	0.5	1.1	—	—	—	—	—
1870	7.8	7.6	0.0	2.6	0.1	1.7	0.1	0.1	0.5	1.2	—	—	—	—	—
1880	11.6	11.6	0.1	5.3	0.2	1.3	0.2	0.1	0.5	2.1	0.0	—	—	0.1	—
1890	18.0	17.4	0.6	7.7	0.2	1.9	0.1	0.4	0.8	3.0	0.1	—	—	0.2	0.0
1900	29.4	28.1	1.8	15.3	0.9	1.7	0.3	0.6	0.8	4.1	0.3	0.5	0.1	0.4	0.1
1910	7.1	6.2	1.2	9.9	0.7	−0.5	−0.1	0.8	−0.3	−0.4	0.2	0.2	0.0	0.4	0.1
1920	11.2	9.4	1.5	0.5	0.1	−0.3	0.4	0.6	2.3	0.0	0.1	0.3	0.1	0.1	0.0

（续表）

年代	全球	发达国家	发展中国家	美国	加拿大	英国	意大利	日本	法国	德国	南非	中国	巴西	印度	墨西哥
1930	26.7	23.4	3.9	7.5	0.7	1.5	0.0	1.3	−1.8	5.1	0.5	1.3	0.0	0.3	0.2
1940	33.9	25.4	3.2	16.0	1.2	0.7	0.1	−0.9	1.5	−3.9	0.4	−0.1	0.3	0.3	0.4
1950	93.6	64.0	24.3	12.5	1.1	1.6	2.0	3.7	2.0	9.1	1.0	12.2	0.7	1.5	0.8
1960	147.1	114.4	29.3	36.8	3.8	1.5	4.8	13.2	4.1	5.4	1.5	5.3	1.4	2.1	1.5
1970	116.7	65.2	57.3	9.4	2.1	−1.3	2.2	7.0	1.3	1.2	2.4	21.4	2.1	4.3	4.6
1980	87.6	16.7	70.3	7.0	0.9	−0.3	1.1	4.0	−2.4	−2.2	2.7	26.6	1.1	9.2	2.2
1990	76.4	−17.8	79.2	19.7	1.8	−0.7	0.9	3.6	−0.2	−3.8	0.8	30.2	3.0	13.0	0.9
2000	203.8	24.3	164.6	9.2	2.3	0.0	1.3	1.7	0.0	−2.3	1.3	98.6	1.4	15.0	1.7
人均排放变率（kg C/年）															
1850	2.6	8.3	0.0	10.6	3.8	47.8	–	–	12.0	15.8	–	–	–	–	–
1860	4.0	13.4	0.0	28.3	6.5	58.4	1.7	–	12.6	25.0	–	–	–	–	–
1870	4.7	14.1	0.0	36.4	18.4	25.7	2.6	1.8	12.6	21.4	–	–	–	–	–
1880	6.6	19.0	0.1	63.3	44.1	8.2	4.9	3.1	12.0	36.6	11.9	–	–	0.2	–
1890	9.8	22.9	0.5	71.1	36.0	26.4	1.8	7.9	18.7	38.7	24.3	–	–	0.8	1.7
1900	15.0	35.6	1.5	125.5	107.8	6.7	8.7	10.9	20.3	43.8	45.4	1.0	2.8	1.7	5.0
1910	0.9	2.0	0.8	43.4	41.9	−21.3	−4.8	11.6	−0.1	0.2	22.6	0.3	−1.5	1.6	6.6
1920	0.8	0.3	0.9	−47.7	−28.4	−32.3	9.2	4.6	42.6	−6.7	−2.0	0.6	1.9	−0.1	0.7
1930	6.6	19.6	2.2	28.0	31.2	18.8	−0.9	13.6	−38.6	58.6	32.0	2.3	0.0	0.5	8.4
1940	7.4	22.6	1.0	57.4	45.6	0.3	1.7	−18.0	30.0	−51.3	7.9	−0.5	4.5	0.2	8.1
1950	21.0	46.6	10.4	−1.0	−8.3	18.4	37.7	35.3	30.3	113.7	27.1	17.7	7.0	2.4	15.1
1960	24.4	85.0	7.2	125.1	129.4	11.9	84.3	118.6	64.4	50.3	25.9	2.2	10.5	2.4	15.3
1970	8.6	32.4	12.6	−13.5	38.2	−26.6	32.3	41.0	10.4	12.7	43.3	18.1	11.6	4.3	48.8
1980	−1.6	−8.1	10.5	−23.9	−17.1	−12.0	45.3	20.0	−55.3	−33.3	27.6	17.9	−0.1	8.1	5.4
1990	−2.7	−30.5	9.2	16.5	3.1	−21.0	−13.4	21.6	−13.3	−58.0	−28.1	17.5	12.1	9.1	−7.5
2000	18.3	5.3	24.2	−31.9	30.9	−8.3	18.9	10.5	−17.5	−28.5	−12.5	70.1	−1.7	9.2	0.7

注：由于个别年份排放数据无法获取，故有缺失

附表3 我国1980~2008年排放总量与人均排放量的变率

年份	年排放量变率（Pg C）	人均碳排放变率（t C/人）	年份	年排放量变率（Pg C）	人均碳排放变率（t C/人）
1980	−0.010	−0.015	1995	0.067	0.048
1981	−0.004	−0.009	1996	0.041	0.025
1982	0.028	0.022	1997	−0.011	−0.016
1983	0.023	0.017	1998	−0.049	−0.046
1984	0.040	0.032	1999	0.039	0.023
1985	0.042	0.033	2000	0.024	0.012
1986	0.028	0.019	2001	0.023	−0.002
1987	0.038	0.026	2002	0.058	0.054
1988	0.043	0.030	2003	0.178	0.133
1989	0.010	0.000	2004	0.203	0.151
1990	0.004	−0.004	2005	0.144	0.104
1991	0.033	0.021	2006	0.130	0.092
1992	0.030	0.019	2007	0.171	0.122
1993	0.049	0.035	2008	−0.010	0.073
1994	0.048	0.034			

附表4 世界主要国家人均累计碳排放量与富裕程度的关系

国家/地区	人均累计碳排放量（t C/人）	近5年人均GDP（美元，2005年价）
全球	92.58	3 553.42
发达国家	256.97	12 366.15
发展中国家	23.43	1 100.18
巴西	22.88	2 686.38
加拿大	372.88	18 910.58
中国	28.65	983.25
法国	194.53	17 364.24
德国	317.54	17 483.26
印度	12.44	375.64
意大利	102.92	15 294.50
日本	131.02	17 122.14

（续表）

国家 / 地区	人均累计碳排放量（t C/ 人）	近 5 年人均 GDP （美元，2005 年价）
墨西哥	56.53	3 713.86
南非	167.05	2 434.90
英国	433.60	18 962.76
美国	542.92	21 291.96

附表 5　全球、发达国家、发展中国家人均累计碳排放量与人均 GDP

年份	全球	发达国家	发展中国家	全球	发达国家	发展中国家
	人均 GDP（万美元，2005 年价）			人均累计碳排放量（t C/ 人）		
1969	4 133	11 422	787	47.59	132.93	4.90
1970	4 213	11 746	821	48.69	136.03	5.15
1971	4 286	12 022	847	49.80	139.18	5.43
1972	4 418	12 523	877	50.94	142.43	5.71
1973	4 595	13 172	917	52.12	145.82	6.00
1974	4 576	13 145	939	53.27	149.15	6.30
1975	4 535	13 035	959	54.40	152.39	6.61
1976	4 673	13 543	999	55.58	155.78	6.94
1977	4 767	13 910	1 028	56.77	159.18	7.29
1978	4 886	14 382	1 057	57.95	162.65	7.65
1979	4 995	14 783	1 094	59.18	166.16	8.03
1980	4 999	14 840	1 122	60.38	169.61	8.41
1981	5 002	14 954	1 125	61.52	172.91	8.78
1982	4 938	14 855	1 117	62.63	176.11	9.16
1983	4 990	15 185	1 117	63.72	179.30	9.55
1984	5 125	15 766	1 148	64.83	182.52	9.95
1985	5 214	16 197	1 166	65.95	185.81	10.37
1986	5 295	16 582	1 196	67.09	189.08	10.79
1987	5 390	17 008	1 230	68.24	192.43	11.23
1988	5 532	17 638	1 262	69.40	195.83	11.69
1989	5 635	18 178	1 282	70.58	199.24	12.15
1990	5 679	18 520	1 302	71.74	202.54	12.62

（续表）

年份	全球	发达国家	发展中国家	全球	发达国家	发展中国家
	人均 GDP（万美元，2005 年价）			人均累计碳排放量（t C/ 人）		
1991	5 650	18 972	1 329	72.90	205.86	13.13
1992	5 657	18 794	1 376	74.02	209.01	13.62
1993	5 656	18 878	1 422	75.13	212.11	14.13
1994	5 748	19 395	1 477	76.24	215.13	14.66
1995	5 832	19 754	1 527	77.36	218.12	15.21
1996	5 935	20 232	1 587	78.49	221.15	15.77
1997	6 069	20 804	1 645	79.62	224.15	16.33
1998	6 139	21 306	1 655	80.73	227.13	16.86
1999	6 263	21 866	1 694	81.82	230.06	17.41
2000	6 442	22 492	1 763	82.93	233.03	17.97
2001	6 468	22 868	1 777	84.05	236.01	18.53
2002	6 516	22 871	1 825	85.16	238.96	19.11
2003	6 599	23 192	1 878	86.32	241.95	19.73
2004	6 781	23 770	1 984	87.52	244.97	20.40
2005	6 928	24 234	2 079	88.75	248.00	21.10
2006	7 122	24 820	2 195	90.01	251.02	21.84
2007	7 304	25 325	2 319	91.29	254.02	22.62
2008	7 399	25 513	2 425	92.58	256.97	23.43

附表 6　基于 GDP 发展目标和碳排放强度预测的中国碳排放

项目	情景	2000 年	2005 年	2010 年	2020 年	2030 年	2040 年	2050 年
总碳排放（Pg C/ 年）	五年计划 1	0.93	1.53	1.95	2.79	3.54	3.69	3.36
	五年计划 2	0.93	1.53	2.07	3.34	4.25	4.15	3.32
人均碳排放（t C/ 人）	五年计划 1	0.73	1.17	1.44	1.95	2.43	2.54	2.36
	五年计划 2	0.73	1.17	1.54	2.34	2.91	2.85	2.33
GDP 碳强度（kg C/ 万元 GDP，2005 年价）	五年计划 1	1000	838	670	429	275	176	112
	五年计划 2	1000	838	712	515	329	198	111

附表 7　按照 2050 年碳排放强度假定情景的预测结果

项目	情景	2000 年	2005 年	2010 年	2020 年	2030 年	2040 年	2050 年
总碳排放 （PgC/ 年）	五年计划 1	0.93	1.53	1.95	2.79	3.54	3.69	3.36
	五年计划 2	0.93	1.53	2.07	3.34	4.25	4.15	3.32
	按美国预测	0.93	1.53	2.02	3.13	4.30	4.84	4.77
	按德国预测	0.93	1.53	1.97	2.91	3.80	4.07	3.82
	按英国预测	0.93	1.53	1.93	2.72	3.40	3.48	3.12
	按日本预测	0.93	1.53	1.86	2.42	2.79	2.64	2.19
	按 G7 平均	0.93	1.53	1.97	2.91	3.80	4.07	3.82
人均碳排放 （t C/ 人）	五年计划 1	0.73	1.17	1.44	1.95	2.43	2.54	2.36
	五年计划 2	0.73	1.17	1.54	2.34	2.91	2.85	2.33
	按美国预测	0.73	1.17	1.50	2.19	2.94	3.33	3.35
	按德国预测	0.73	1.17	1.47	2.03	2.60	2.80	2.68
	按英国预测	0.73	1.17	1.43	1.90	2.32	2.39	2.19
	按日本预测	0.73	1.17	1.38	1.69	1.91	1.82	1.54
	按 G7 平均	0.73	1.17	1.47	2.03	2.60	2.80	2.68
GDP 碳排放 强度（kg C/ 万元 GDP, 2005 年价）	五年计划 1	1000	838	670	429	275	176	112
	五年计划 2	1000	838	712	515	329	198	111
	按美国预测	1000	838	697	482	333	230	159
	按德国预测	1000	838	680	447	294	194	128
	按英国预测	1000	838	665	418	263	166	104
	按日本预测	1000	838	639	372	216	126	73
	按 G7 平均	1000	838	680	448	295	194	128

附表 8　国家发展和改革委员会能源研究所中国碳排放预测结果

项目	情景	2000 年	2005 年	2010 年	2020 年	2030 年	2040 年	2050 年
总碳排放 （PgC/ 年）	基准情景	0.87	1.41	2.13	2.78	3.18	3.53	3.47
	低碳情景	0.87	1.41	1.94	2.26	2.35	2.40	2.41
	强化低碳情景	0.87	1.41	1.94	2.19	2.23	2.01	1.40

（续表）

项目	情景	2000 年	2005 年	2010 年	2020 年	2030 年	2040 年	2050 年
人均碳排放 （t C/ 人）	基准情景	0.69	1.17	1.58	1.94	2.18	2.42	2.43
	低碳情景	0.69	1.17	1.44	1.58	1.60	1.65	1.69
	强化低碳情景	0.69	1.17	1.44	1.53	1.52	1.38	0.98
GDP 碳排放 强度（kg C/ 万元 GDP， 2005 年价）	基准情景	877	770	732	428	246	168	116
	低碳情景	877	770	667	348	182	114	81
	强化低碳情景	877	770	667	337	173	96	47

附表 9　不同地区 1995~1999 年碳排放相关计算指标

地区	煤（千吨碳）	石油（千吨碳）	天然气（千吨碳）	水泥（千吨碳）	碳排放总量（千吨碳）	能源产量（万吨标准煤）	地区生产总值（亿元，2005年价）	人口（万人）	人均GDP（万元）	人均碳排放（吨碳/人）	人均能源产量（吨标准煤/人）	GDP碳排放强度（吨碳/万元）
北京	13 875	5 728	212	971	20 786	1 634	2 149	1 251	1.72	1.66	1.31	0.97
天津	10 524	4 521	221	292	15 558	1 752	1 443	952	1.52	1.63	1.84	1.08
河北	53 791	5 082	451	5 076	64 400	7 312	4 551	6 526	0.70	0.99	1.12	1.42
山西	69 230	987	53	1 858	72 129	28 021	1 640	3 141	0.52	2.30	8.92	4.40
内蒙古	23 405	1 224	0	624	25 253	5 906	1 282	2 325	0.55	1.09	2.54	1.97
辽宁	42 650	18 798	1 309	2 446	65 203	9 973	4 176	4 135	1.01	1.58	2.41	1.56
吉林	20 552	4 539	174	885	26 149	2 950	1 702	2 626	0.65	1.00	1.12	1.54
黑龙江	26 079	10 445	1 564	1 004	39 091	15 156	3 059	3 749	0.82	1.04	4.04	1.28
上海	21 120	9 126	15	495	30 757	1 542	3 923	1 446	2.71	2.13	1.07	0.78
江苏	38 485	9 045	11	5 603	53 144	2 968	7 812	7 144	1.09	0.74	0.42	0.68
浙江	19 841	6 817	0	4 831	31 489	853	5 407	4 406	1.23	0.71	0.19	0.58
安徽	24 658	2 806	0	2 934	30 398	3 961	3 037	6 126	0.50	0.50	0.65	1.00
福建	8 015	3 029	0	2 163	13 207	836	3 477	3 279	1.06	0.40	0.26	0.38
江西	12 078	2 131	0	1 540	15 748	2 090	1 942	4 148	0.47	0.38	0.50	0.81
山东	43 417	12 051	551	7 823	63 843	12 092	7 739	8 790	0.88	0.73	1.38	0.82
河南	35 959	4 214	631	4 839	45 642	9 394	4 693	9 243	0.51	0.49	1.02	0.97
湖北	27 160	5 806	51	2 822	35 839	2 144	3 904	5 863	0.67	0.61	0.37	0.92
湖南	22 268	3 452	0	3 128	28 848	4 207	3 407	6 464	0.53	0.45	0.65	0.85
广东	22 116	16 388	106	7 310	45 919	3 782	8 491	7 059	1.20	0.65	0.54	0.54

（续表）

地区	煤（千吨碳）	石油（千吨碳）	天然气（千吨碳）	水泥（千吨碳）	碳排放总量（千吨碳）	能源产量（万吨标准煤）	地区生产总值（亿元，2005年价）	人口（万人）	人均GDP（万元）	人均碳排放（吨碳/人）	人均能源产量（吨标准煤/人）	GDP碳排放强度（吨碳/万元）
广西	10 197	1 076	0	2 731	14 004	1 397	2 232	4 631	0.48	0.30	0.30	0.63
海南	679	496	241	291	1 707	41	495	743	0.67	0.23	0.06	0.34
重庆	7 579	368	1 058	936	9 941	1 304	1 284	3 059	0.42	0.32	0.43	0.77
四川	32 902	1 697	4 098	3 647	42 345	7 001	4 101	9 646	0.43	0.44	0.73	1.03
贵州	21 657	516	349	800	23 322	4 816	929	3 607	0.26	0.65	1.33	2.51
云南	14 918	945	346	1 849	18 058	2 644	1 906	4 092	0.47	0.44	0.65	0.95
陕西	16 528	2 786	89	1 321	20 723	4 119	1 520	3 568	0.43	0.58	1.15	1.36
甘肃	11 133	5 092	55	854	17 134	2 767	918	2 492	0.37	0.69	1.11	1.87
青海	2 321	543	136	121	3 122	549	241	496	0.49	0.63	1.11	1.30
宁夏	4 651	689	7	267	5 613	1 397	249	529	0.47	1.06	2.64	2.25
新疆	11 291	6 591	1 160	886	19 928	5 571	1 211	1 718	0.70	1.16	3.24	1.65
西藏				42	42		94	248	0.38	0.02	0.00	0.04
东部	284 710	92 157	3 119	40 032	420 018	44 183	51 895	50 359	1.03	0.83	0.88	0.81
中部	261 388	35 605	2 473	19 633	319 099	73 828	24 665	43 685	0.56	0.73	1.69	1.29
西部	122 978	19 227	7 298	10 724	160 227	30 168	12 453	28 232	0.44	0.57	1.07	1.29
全国	669 076	146 988	12 890	70 389	899 343	148 179	89 012	122 276	0.73	0.74	1.21	1.01

注：① 所有与GDP有关的核算均采用2005年价。② 西藏地区缺乏煤、石油和天然气消费数据，因此用其水泥生产碳排放代替其总排放。③ 海南、宁夏部分年份的煤和石油消费数据缺失，用与缺失年份相邻的两个年份的均值代替；西藏部分年份的水泥生产数据缺失，用与缺失年份相邻的两个年份的均值代替。④ 表中各项目的全国值由各地区数据加总得到。⑤ 表中一些数值有差异是由四舍五入引起的

附表 10　不同地区 2000~2004 年碳排放相关计算指标

地区	煤（千吨碳）	石油（千吨碳）	天然气（千吨碳）	水泥（千吨碳）	碳排放总量（千吨碳）	能源产量（万吨标准煤）	地区生产总值（亿元，2005年价）	人口（万人）	人均GDP（万元）	人均碳排放（吨碳/人）	人均能源产量（吨标准煤/人）	GDP碳排放强度（吨碳/万元）
北京	12 954	6 363	1 215	1 295	21 827	1 531	4 590	1 422	3.23	1.53	1.08	0.48
天津	12 544	5 980	453	535	19 513	2 712	2 512	1 009	2.49	1.93	2.69	0.78
河北	66 269	6 065	514	8 133	80 981	7 370	7 133	6 737	1.06	1.20	1.09	1.14
山西	83 564	1 238	126	2 400	87 328	27 035	2 696	3 293	0.82	2.65	8.21	3.24
内蒙古	32 658	2 008	73	1 168	35 907	9 074	2 285	2 378	0.96	1.51	3.82	1.57
辽宁	44 759	26 556	1 206	3 047	75 568	10 911	6 204	4 202	1.48	1.80	2.60	1.22
吉林	20 155	5 182	205	1 366	26 908	2 896	2 665	2 697	0.99	1.00	1.07	1.01
黑龙江	24 657	12 424	1 380	1 396	39 858	13 765	4 290	3 813	1.13	1.05	3.61	0.93
上海	22 280	13 506	309	768	36 864	2 248	6 666	1 667	4.00	2.21	1.35	0.55
江苏	43 078	12 782	59	8 888	64 806	3 646	12 475	7 380	1.69	0.88	0.49	0.52
浙江	25 490	12 190	3	8 408	46 091	1 478	9 350	4 651	2.01	0.99	0.32	0.49
安徽	29 890	3 239	1	3 614	36 744	5 152	4 123	6 365	0.65	0.58	0.81	0.89
福建	11 794	4 342	6	2 668	18 809	1 103	5 210	3 463	1.50	0.54	0.32	0.36
江西	12 971	3 111	0	2 913	18 995	1 818	2 865	4 219	0.68	0.45	0.43	0.66
山东	55 363	15 750	432	12 272	83 817	15 229	12 296	9 085	1.35	0.92	1.68	0.68
河南	45 971	4 772	957	6 265	57 965	10 031	7 166	9 608	0.75	0.60	1.04	0.81
湖北	29 584	6 744	57	4 180	40 565	1 674	5 251	5 988	0.88	0.68	0.28	0.77
湖南	19 919	4 542	1	3 945	28 407	2 976	4 925	6 630	0.74	0.43	0.45	0.58
广东	28 842	23 849	51	9 450	62 192	4 740	15 203	7 921	1.92	0.79	0.60	0.41

（续表）

地区	煤（千吨碳）	石油（千吨碳）	天然气（千吨碳）	水泥（千吨碳）	碳排放总量（千吨碳）	能源产量（万吨标准煤）	地区生产总值（亿元，2005年价）	人口（万人）	人均GDP（万元）	人均碳排放（吨碳/人）	人均能源产量（吨标准煤/人）	GDP碳排放强度（吨碳/万元）
广西	11 004	2 036	0	3 333	16 373	566	2 903	4 821	0.60	0.34	0.12	0.56
海南	1 260	769	697	492	3 217	19	707	803	0.88	0.40	0.02	0.45
重庆	12 228	887	1 882	2 429	17 427	1 528	2 289	3 110	0.74	0.56	0.49	0.76
四川	27 033	2 733	4 424	4 687	38 877	4 838	5 533	8 668	0.64	0.45	0.56	0.70
贵州	24 958	818	359	1 675	27 810	4 545	1 429	3 833	0.37	0.73	1.19	1.95
云南	18 539	1 539	346	2 520	22 944	2 120	2 666	4 330	0.62	0.53	0.49	0.86
陕西	15 290	5 789	991	2 093	24 163	8 308	2 557	3 674	0.70	0.66	2.26	0.94
甘肃	12 553	6 210	243	1 417	20 422	2 837	1 417	2 589	0.55	0.79	1.10	1.44
青海	2 596	571	661	331	4 159	721	391	528	0.74	0.79	1.36	1.06
宁夏	9 110	1 222	193	560	11 086	1 555	427	571	0.75	1.94	2.72	2.60
新疆	12 384	7 690	2 339	1 418	23 832	6 421	1 903	1 905	1.00	1.25	3.37	1.25
西藏				105	105		185	266	0.69	0.04		0.06
东部	335 638	130 187	4 945	59 289	530 059	51 553	85 247	53 163	1.60	1.00	0.97	0.62
中部	299 369	43 261	2 800	27 247	372 677	74 421	36 266	44 990	0.81	0.83	1.65	1.03
西部	134 692	27 459	11 439	17 235	190 825	32 876	18 796	29 477	0.64	0.65	1.12	1.02
全国	769 699	200 907	19 184	103 771	1 093 561	158 849	140 310	127 630	1.10	0.86	1.24	0.78

注：①所有与GDP有关的核算均采用2005年价。②西藏地区缺乏煤、石油和天然气消费数据，因此用其水泥生产碳排放代替其总排放。③海南、宁夏部分年份的煤和石油消费数据缺失，用与缺失年份相邻的两个年份的均值代替；西藏部分年份的水泥生产数据缺失，用与缺失年份相邻的两个年份的均值代替。④表中各项目的全国值由各地区数据加总得到。⑤表中一些数值有差异是由四舍五入引起的

索　引